Alain **PILLER**

STATISTIQUE DESCRIPTIVE

> Manuel d'exercices corrigés avec rappels de cours

- DEUG
- LICENCE 1, 2, 3
- ÉCOLES DE COMMERCE

Enseignant en Mathématiques, Statistique, Microéconomie, Macroéconomie et Finance de Marché pendant plus de 10 ans à l'Université de Paris Dauphine, **Alain Piller** a formé de nombreux étudiants qui ont eu, par la suite, un parcours professionnel brillant. Il partage aujourd'hui son temps entre les marchés boursiers et l'enseignement.
Alain Piller enseigne notamment à **atp**, établissement de soutien aux étudiants d'universités ou d'écoles de commerce.

Du même auteur chez Premium Editeur :

- **STATISTIQUE I** – Manuel d'exercices corrigés
- **STATISTIQUE II** – Manuel d'exercices corrigés
- **PROBABILITÉS** – Manuel d'exercices corrigés
- **ANALYSE I** – Manuel d'exercices corrigés
- **ANALYSE II** – Manuel d'exercices corrigés
- **ALGÈBRE LINÉAIRE** – Manuel d'exercices corrigés
- **MICROECONOMIE** – Manuel d'exercices corrigés
- **MACROECONOMIE I** : LE MODÈLE ISLM EN ÉCONOMIE FERMÉE – Manuel d'exercices corrigés
- **MACROECONOMIE II** : LE MODÈLE ISLM EN ÉCONOMIE OUVERTE – Manuel d'exercices corrigés

PREMIUM ÉDITEUR
33, rue Galilée
75116 PARIS

Sommaire

Préface

L'enseignement de la statistique descriptive est devenu une part essentielle des études de sciences économiques.

Toutes les études sur les problèmes économiques et financiers, sur les problèmes de l'emploi et de la croissance, ont recours à des outils statistiques. Il est donc nécessaire, pour le praticien de l'économie, de se familiariser avec cette discipline.

Alain Piller, dans ce nouveau manuel d'exercices corrigés de statistique descriptive, définit clairement les différents instruments statistiques. Il présente de nombreux exercices d'application qui sont tous corrigés avec une rigueur et une pédagogie exemplaires.

Les étudiants pourront ainsi mieux apprécier les vertus de la statistique descriptive et, en quelque sorte, se l'approprier. Car tel est le grand mérite d'Alain Piller : grâce à sa méthode de travail, il rend familier l'enseignement de la statistique.

Je souhaite à ce nouveau manuel d'exercices corrigés le succès qui a été celui des ouvrages précédents d'Alain Piller. Je crois en cette approche pragmatique et progressive d'une discipline d'avenir.

Jean-Pierre Soisson
Ancien ministre d'État
Député-maire d'Auxerre

Avant-propos

Ce manuel d'exercices corrigés de statistique descriptive, avec rappels de cours, s'adresse aux étudiants de DEUG de Sciences Économiques, de MASS ou d'AES, aux élèves des IUT et des écoles commerciales et à ceux qui préparent un BTS.

Les exercices qu'il contient ont été élaborés d'après une étude précise des programmes d'enseignement de statistique descriptive, aussi bien dans les universités de Paris (Dauphine, Assas, Tolbiac, Nanterre...) et de province, que dans la majorité des écoles de commerce, des IUT et des classes préparatoires aux BTS.

Huit thèmes sont traités :

1. La présentation des statistiques.
2. Les caractéristiques de tendance centrale.
3. Les caractéristiques de dispersion.
4. Les caractéristiques de forme.
5. Les caractéristiques de concentration.
6. Les indices et les taux de croissance.
7. Les distributions à deux caractères.
8. Régression, ajustement et corrélation.

Chacun des thèmes évoqués est développé dans le même esprit : bien comprendre les exercices pour mieux assimiler le cours et faire de ce manuel l'instrument le plus efficace de réussite aux examens.

Les premiers exercices sont composés de questions de cours. Ces dernières recensent les points clés indispensables pour résoudre les différents cas d'exercices.

Statistique descriptive : manuel d'exercices corrigés, avec rappels de cours, est à cet égard le compagnon indispensable de tout étudiant : il met l'accent sur ce qu'il faut vraiment retenir du cours et permet de tirer un réel profit des exercices afin de ne perdre ni son temps, ni son année.

Toute la panoplie des cas possibles a d'ailleurs été envisagée : les exercices varient du plus classique au plus original.

Cette diversité des cas traités s'allie à une grande homogénéité dans les corrigés. Rigueur du raisonnement, exhaustivité des explications, rappel et résolution systématiques des difficultés en caractérisent la rédaction.

L'étudiant se forge ainsi une véritable méthode de travail qui surprendra le correcteur par sa pertinence et son sérieux.

I

LA PRÉSENTATION DES STATISTIQUES

• LES TERMES DE LA STATISTIQUE :
Population – Unité statistique ou individu – Caractère – Modalité – Caractère qualitatif – Caractère quantitatif – Effectif total – Fréquence absolue et fréquence relative d'une modalité.

• LES DISTRIBUTIONS, TABLEAUX ET GRAPHIQUES STATISTIQUES :
Fréquences cumulées absolues ascendantes et descendantes – Fréquences cumulées relatives ascendantes et descendantes – Centre et amplitude d'une classe – Hauteur corrigée ou densité – Diagramme à bandes ou graphique en barres – Diagramme en bâtons – Histogramme – Polygone des fréquences – Diagramme cumulatif ou courbe cumulative – Fonction de répartition.

☞ EXERCICE n° 1

ÉNONCÉ :

(1) **Donner la définition d'une population ainsi que trois exemples.**

(2) **Définir la notion d'unité statistique ou individu et donner trois exemples.**

CORRIGÉ :

(1) **Donnons la définition d'une population ainsi que trois exemples :**

La population ou univers est l'objet de l'étude de la statistique. Il s'agit d'un groupe d'individus ou d'unités statistiques.

En statistique, le terme « population » se rapporte à des ensembles de toute nature. Ainsi nous pouvons prendre comme exemples :

- la population des étudiants de l'université de Dauphine ;
- la population des livres de statistique descriptive en France ;
- la population des poissons d'un lac.

Enfin, il est bon de noter qu'une population peut être finie ou infinie. Par exemple, la population des poissons d'un lac est finie. Par contre, la population des résultats possibles (pile ou face) lors de parties successives de pile ou face avec une même pièce de monnaie est infinie.

(2) **Définissons la notion d'unité statistique ou individu et donnons trois exemples :**

Une unité statistique ou un individu est un élément de la population.

Ainsi nous pouvons prendre comme exemples :

- l'étudiant λ de l'université de Dauphine ;
- le « PILLER » en statistique descriptive ;
- la carpe d'un lac.

Enfin, il est bon de remarquer que les unités statistiques ou individus sont tout aussi bien des êtres humains que des objets ou des événements.

☞ EXERCICE n° 2

ÉNONCÉ :

1. **Qu'est ce qu'un caractère ou une variable en statistique descriptive? Donner trois exemples.**

2. **Définir ce que sont les modalités d'un caractère. Donner trois exemples.**

3. **Préciser la distinction entre caractère qualitatif et caractère quantitatif tout en donnant trois exemples dans chacun des deux cas.**

CORRIGÉ :

1. **Définissons la notion de caractère ou variable en statistique descriptive et donnons trois exemples :**

Un caractère ou une variable est un phénomène étudié sur une population donnée. Ainsi, chaque individu d'une population peut être décrit selon une ou plusieurs variables.

Dans ces conditions, on repère et on classe les individus en sous-ensembles appelés caractères.

Ainsi, nous pouvons prendre comme exemples :

- le sexe de la population des étudiants de l'université de Dauphine;
- la couleur de la population des livres de statistique descriptive en France;
- l'âge de la population des poissons d'un lac.

2. **Définissons ce que sont les modalités d'un caractère et donnons trois exemples :**

Les modalités d'un caractère correspondent aux différentes situations que peut prendre un caractère.

Ainsi, chaque variable étudiée peut présenter deux ou plusieurs modalités.

Ainsi, nous pouvons prendre comme exemples :

- en ce qui concerne le sexe de la population des étudiants de l'université de Dauphine, il existe deux modalités : Masculin ou Féminin;
- en ce qui concerne la couleur de la population des livres de statistique descriptive en France, il peut exister trois modalités : Jaune, Bleue, ou « Autre couleur »;
- en ce qui concerne l'âge de la population des poissons d'un lac, il existe deux modalités : Jeune ou Adulte.

En définitive, il est important de souligner que les différentes modalités d'un caractère doivent être incompatibles, exhaustives et sans ambiguïté :

- incompatibles, de manière à ce qu'un individu ne puisse appartenir à plus d'une modalité à la fois;
- exhaustives, afin de prévoir toutes les situations possibles, sans exception;
- sans ambiguïté, pour ne pas faire d'erreur de classement.

(3) Précisons la distinction entre caractère qualitatif et caractère quantitatif tout en donnant trois exemples dans chacun des deux cas :

Un caractère est qualitatif s'il est lié à une observation ne pouvant pas faire l'objet d'une mesure. Ses diverses modalités sont simplement constatées, repérées par un mot traduisant un état.

Nous pouvons prendre comme exemples les caractères suivants : le sexe, la couleur, la situation matrimoniale.

Il est bon de noter que les modalités ne sont donc ordonnées que par simple convention, à l'intérieur de tableaux appelés nomenclatures et que chacune d'entre elles porte le nom de rubrique.

Par contre, un caractère est dit quantitatif si on peut le mesurer ou le compter. Le caractère quantitatif prend alors le nom de variable statistique et ses différentes modalités sont les valeurs possibles de la variable.

Ainsi, nous pouvons prendre comme exemples les caractères suivants : le poids, le nombre de filles dans une boite, le nombre d'heures de cours de statistique.

Cela étant, il existe deux types de caractères quantitatifs : d'une part le caractère quantitatif discret, d'autre part le caractère quantitatif continu.
En effet, un caractère quantitatif est dit discret si les valeurs observées sont isolées : le nombre de filles dans une boite, le nombre d'heures de cours de statistique et le nombre de voitures par ménage sont des variables statistiques discrètes.
À l'inverse, un caractère quantitatif est dit continu s'il peut prendre toute valeur d'un intervalle réel : le poids d'un individu, la taille d'une femme et l'âge d'un animal.

☞ EXERCICE n° 3

ÉNONCÉ :

(1) **Définir l'effectif total, l'effectif d'une modalité (ou fréquence absolue) et la fréquence relative d'une modalité.**

(2) **Soit un caractère qualitatif; établir un tableau comprenant les fréquences absolues, les fréquences relatives, les fréquences cumulées absolues ascendantes et descendantes, les fréquences cumulées relatives ascendantes et descendantes.**

(3) **Même question avec un caractère quantitatif discret d'une part, continu d'autre part.**

CORRIGÉ :

(1) **Définissons l'effectif total, l'effectif et la fréquence relative d'une modalité :**

L'effectif total est le nombre d'individus appartenant à la population. L'effectif d'une modalité ou fréquence absolue est le nombre d'individus présentant cette modalité.
Il est bon de remarquer que la somme des effectifs des différentes modalités d'un caractère est égale à l'effectif total de la population.

La fréquence relative d'une modalité est la proportion d'individus présentant la même modalité dans la population totale.

Il est bon de noter que la somme des fréquences relatives est égale à l'unité.

(2) Établissons un tableau comprenant les fréquences absolues, les fréquences relatives, les fréquences cumulées absolues ascendantes et descendantes, les fréquences cumulées relatives ascendantes et descendantes et cela dans le cas d'un caractère qualitatif :

Prenons comme exemple de caractère qualitatif la couleur des yeux de la population des étudiants de l'université de Dauphine.

La couleur des yeux est un caractère qualitatif car il est lié à une observation ne pouvant pas faire l'objet d'une mesure.

Par ailleurs, ce caractère présente quatre modalités :

- Marron,
- Bleue,
- Verte,
- « Autre couleur ».

D'où le tableau suivant :

Modalités	Effectifs ou fréquences absolues n_i	Fréquences relatives $f_i = \frac{n_i}{n}$	Fréquences cumulées absolues ascendantes
Marron	600	0,3	600 ↓
Bleue	400	0,2	1 000
Verte	400	0,2	1 400
« Autre couleur »	600	0,3	2 000 ↓
	$n = 2\,000$	1	

Modalités	Fréquences cumulées absolues descendantes	Fréquences cumulées relatives ascendantes	Fréquences cumulées relatives descendantes
Marron	2 000 ↑	0,3 ↓	1 ↑
Bleue	1 400	0,5	0,7
Verte	1 000	0,7	0,5
« Autre couleur »	600	1 ↓	0,3

Il est bon de souligner que n correspond à l'effectif total de la population.

(3) Établissons un tableau comprenant les fréquences absolues, les fréquences relatives, les fréquences cumulées absolues ascendantes et descendantes, les fréquences cumulées relatives ascendantes et descendantes et cela d'une part dans le cas d'un caractère quantitatif discret, d'autre part dans le cas d'un caractère quantitatif continu :

(a) <u>Cas d'un caractère quantitatif discret :</u>

Prenons comme exemple de caractère quantitatif discret le nombre de voitures par ménage.

Le nombre de voitures par ménage est un caractère quantitatif discret car d'une part on peut le mesurer ou le compter, d'autre part les valeurs observées sont isolées.

Par ailleurs, ce caractère présente cinq modalités :

- 0 voiture,
- 1 voiture,
- 2 voitures,
- 3 voitures,
- 4 voitures.

D'où le tableau suivant (Échantillon de 100 ménages) :

Modalités	Effectifs ou fréquences absolues n_i	Fréquences relatives $f_i = \frac{n_i}{n}$	Fréquences cumulées absolues ascendantes
0	20	0,2	20
1	50	0,5	70
2	10	0,1	80
3	0	0	80
4	20	0,2	100 ↓
	$n = 100$	1	« moins de »

Modalités	Fréquences cumulées absolues descendantes	Fréquences cumulées relatives ascendantes	Fréquences cumulées relatives descendantes
0	100 ↑	0,2	1 ↑
1	80	0,7	0,8
2	30	0,8	0,3
3	20	0,8	0,2
4	20	1 ↓	0,2
	« plus de »	« moins de »	« plus de »

Il est bon de remarquer que :

- n correspond à l'effectif total de la population ;
- il y a 70 ménages de l'échantillon qui ont moins de 2 voitures ;
- il y a 30 ménages de l'échantillon qui ont plus de 1 voiture ;
- il y a 20 % des ménages de l'échantillon qui ont moins de 1 voiture c'est-à-dire aucune voiture ;
- il y a 30 % des ménages de l'échantillon qui ont plus de 1 voiture.

(b) Cas d'un caractère quantitatif continu :

Prenons comme exemple de caractère quantitatif continu le poids de quatre vingt dix body-builders au championnat du monde.

Le poids d'un individu est par définition un caractère quantitatif continu car d'une part on peut le mesurer ou le compter, d'autre part il peut prendre toute valeur d'un intervalle réel.

Par ailleurs, ce caractère peut être regroupé en six classes ou modalités :

- [80 kg, 90 kg[,
- [90 kg, 100 kg[,

- [100 kg, 110 kg[,
- [110 kg, 120 kg[,
- [120 kg, 130 kg[,
- [130 kg, 140 kg[.

D'où le tableau suivant :

Modalités ou classes	Effectifs ou fréquences absolues n_i	Fréquences relatives $f_i = \frac{n_i}{n}$	Fréquences cumulées absolues ascendantes
[80 kg, 90 kg[	9	0,1	9 ↓
[90 kg, 100 kg[	27	0,3	36
[100 kg, 110 kg[	36	0,4	72
[110 kg, 120 kg[	9	0,1	81
[120 kg, 130 kg[	0	0	81
[130 kg, 140 kg[	9	0,1	90
	$n = 90$	1	« moins de »

Modalités ou classes	Fréquences cumulées absolues descendantes	Fréquences cumulées relatives ascendantes	Fréquences cumulées relatives descendantes
[80 kg, 90 kg[	90 ↑	0,1 ↓	1 ↑
[90 kg, 100 kg[	81	0,4	0,9
[100 kg, 110 kg[	54	0,8	0,6
[110 kg, 120 kg[	18	0,9	0,2
[120 kg, 130 kg[	9	0,9	0,1
[130 kg, 140 kg[	9	1	0,1
	« plus de »	« moins de »	« plus de »

Il est bon de souligner que :

- n correspond à l'effectif total de la population;
- il y a 72 body-builders qui pèsent moins de 110 kg;
- il y a 54 body-builders qui pèsent plus de 100 kg;
- il y a 40 % des body-builders qui pèsent moins de 100 kg;
- il y a 20 % des body-builders qui pèsent plus de 110 kg.

☞ EXERCICE n° 4

ÉNONCÉ :

Soit un tableau associé à un caractère quantitatif continu :

Modalités ou classes $[C_i, C_{i+1}[$	**Effectifs ou fréquences absolues** n_i	**Fréquences relatives** $f_i = \frac{n_i}{n}$
$[C_1, C_2[$	n_1	f_1
$[C_2, C_3[$	n_2	f_2
$[C_3, C_4[$	n_3	f_3
	Effectif total : $n = n_1 + n_2 + n_3$	**1**

(1) **Déterminer le centre des trois classes bornées.**

(2) **Quelle est l'amplitude de chacune des classes bornées?**

(3) **Comment se nomme le diagramme de référence dans le cas d'un caractère quantitatif continu?**

(4) **Lorsque les amplitudes des classes sont inégales, comment trace-t-on l'histogramme?**

CORRIGÉ :

① **Déterminons le centre des trois classes bornées :**

Nous savons que le centre d'une classe bornée est :

$$\boxed{x_i = \frac{C_i + C_{i+1}}{2}}.$$

Application numérique :

(α) **En ce qui concerne la classe** $[C_1, C_2[$, **le centre est :** $x_1 = \frac{C_1 + C_2}{2}$.

(β) **En ce qui concerne la classe** $[C_2, C_3[$, **le centre est :** $x_2 = \frac{C_2 + C_3}{2}$.

(γ) **En ce qui concerne la classe** $[C_3, C_4[$, **le centre est :** $x_3 = \frac{C_3 + C_4}{2}$.

② **Calculons l'amplitude de chacune des classes bornées :**

Nous savons que l'amplitude d'une classe bornée est :

$$\boxed{a_i = C_{i+1} - C_i}.$$

Application numérique :

(α) **En ce qui concerne la classe** $[C_1, C_2[$, **l'amplitude est :** $a_1 = C_2 - C_1$.

(β) **En ce qui concerne la classe** $[C_2, C_3[$, **l'amplitude est :** $a_2 = C_3 - C_2$.

(γ) **En ce qui concerne la classe** $[C_3, C_4[$, **l'amplitude est :** $a_3 = C_4 - C_3$.

③ **Déterminons le nom du diagramme de référence dans le cas d'un caractère quantitatif continu :**

Nous savons que le diagramme de référence dans le cas d'un caractère quantitatif continu s'appelle : l'histogramme.

De plus, l'histogramme peut se construire soit à partir des n_i soit à partir des f_i.

Enfin, il est bon de noter que dans le cas d'un caractère quantitatif discret, le diagramme de référence est le diagramme en bâtons qui peut lui aussi se construire soit à partir des n_i soit à partir des f_i.

(4) Montrons comment on trace l'histogramme lorsque les amplitudes des classes sont inégales :

Comme nous l'avons déjà signalé, l'histogramme peut se construire soit à partir des n_i soit à partir des f_i.

Si les amplitudes des classes sont égales, la hauteur des rectangles est proportionnelle à n_i ou à f_i.

Si les amplitudes des classes sont inégales, on ajoute au tableau une colonne « a_i » (amplitude des classes bornées) et une colonne « h_i », h_i étant la hauteur du rectangle correspondant à la $i^{\text{ème}}$ classe avec :

- $h_i = \dfrac{n_i}{a_i}$ si l'histogramme est construit à partir des n_i ;
- $h_i = \dfrac{f_i}{a_i}$ si l'histogramme est construit à partir des f_i.

Dans ces conditions, h_i sera en ordonnée.

(a) Cas où l'histogramme est construit à partir des n_i :

Modalités ou classes $[C_i, C_{i+1}[$	Effectifs ou fréquences absolues n_i	Fréquences relatives $f_i = \dfrac{n_i}{n}$	a_i	h_i
$[C_1, C_2[$	n_1	f_1	$a_1 = C_2 - C_1$	$h_1 = n_1/a_1$
$[C_2, C_3[$	n_2	f_2	$a_2 = C_3 - C_2$	$h_2 = n_2/a_2$
$[C_3, C_4[$	n_3	f_3	$a_3 = C_4 - C_3$	$h_3 = n_3/a_3$
	Effectif total : $n = n_1 + n_2 + n_3$	1		

(b) Cas où l'histogramme est construit à partir des f_i :

Modalités ou classes $[C_i, C_{i+1}[$	Effectifs ou fréquences absolues n_i	Fréquences relatives $f_i = \frac{n_i}{n}$	a_i	h_i
$[C_1, C_2[$	n_1	f_1	$a_1 = C_2 - C_1$	$h_1 = f_1/a_1$
$[C_2, C_3[$	n_2	f_2	$a_2 = C_3 - C_2$	$h_2 = f_2/a_2$
$[C_3, C_4[$	n_3	f_3	$a_3 = C_4 - C_3$	$h_3 = f_3/a_3$
	Effectif total : $n = n_1 + n_2 + n_3$	1		

En définitive, il est bon de souligner que « h_i » s'appelle aussi hauteur corrigée du rectangle représentant la $i^{\text{ème}}$ classe.

☞ EXERCICE n° 5

ÉNONCÉ :

Les caractères suivants sont-ils qualitatifs ou quantitatifs ?

1. **le sexe,**
2. **l'âge,**
3. **l'état matrimonial,**
4. **la taille,**
5. **la couleur des yeux,**
6. **le poids,**
7. **le nombre de personnes par ménage,**
8. **la répartition des salaires mensuels du personnel de l'entreprise atp,**
9. **le nombre d'enfants à charge.**

CORRIGÉ :

Nous savons qu'un caractère est qualitatif s'il est lié à une observation ne pouvant pas faire l'objet d'une mesure. Ses diverses modalités sont simplement constatées, repérées par un mot traduisant un état.

Ainsi le sexe, l'état matrimonial et la couleur des yeux sont des caractères qualitatifs.

À l'inverse, nous savons qu'un caractère est dit quantitatif si on peut le mesurer ou le compter.

Ainsi l'âge, la taille, le poids, le nombre de personnes par ménage, la répartition des salaires mensuels du personnel de l'entreprise atp et le nombre d'enfants à charge sont des caractères quantitatifs.

☞ EXERCICE n° 6

ÉNONCÉ :

Lors d'une enquête sur la population d'un arrondissement de Marseille, on a recensé le nombre de personnes par ménage.

On a ainsi obtenu le tableau suivant :

Nombre de personnes	1	2	3	4	5	6 et plus
Nombre de ménages	4 000	2 000	500	1 500	1 500	500

(1) Calculer les fréquences absolues, les fréquences relatives, les fréquences cumulées absolues ascendantes ainsi que les fréquences cumulées relatives ascendantes.

(2) Déterminer le pourcentage des ménages composés de moins de 2 personnes.

(3) Quel est le nombre de ménages composés de moins de 3 personnes?

CORRIGÉ :

(1) **Calculons les fréquences absolues, les fréquences relatives, les fréquences cumulées absolues ascendantes ainsi que les fréquences cumulées relatives ascendantes :**

Nous sommes en présence d'un caractère quantitatif discret : le nombre de personnes par ménage.

Le nombre de personnes par ménage est un caractère quantitatif discret car d'une part on peut le mesurer ou le compter, d'autre part les valeurs observées sont isolées.

Par ailleurs, ce caractère présente six modalités :

- 1 personne,
- 2 personnes,
- 3 personnes,
- 4 personnes,
- 5 personnes,
- 6 personnes et plus.

D'où le tableau suivant :

Modalités	Effectifs ou fréquences absolues n_i	Fréquences relatives $f_i = \frac{n_i}{n}$	Fréquences cumulées absolues ascendantes	Fréquences cumulées relatives ascendantes
1	4 000	0,4	4 000	0,4
2	2 000	0,2	6 000	0,6
3	500	0,05	6 500	0,65
4	1 500	0,15	8 000	0,8
5	1 500	0,15	9 500	0,95
6 et plus	500	0,05	10 000 ↓	1 ↓
	n = 10 000	1	« moins de »	« moins de »

(2) **Déterminons le pourcentage des ménages composés de moins de 2 personnes :**

Il y a 40 % des ménages qui sont composés de moins de 2 personnes c'est-à-dire d'une personne.

③ Déterminons le nombre de ménages composés de moins de 3 personnes :

Il y a 6 000 ménages qui sont composés de moins de 3 personnes.

☞ EXERCICE n° 7

ÉNONCÉ :

Soit le tableau suivant :

Modalités ou classes	Fréquences relatives $f_i = \frac{n_i}{n}$
[10, 20[	0,03
[20, 30[	0,07
[30, 40[	0,3
[40, 60[	0,37
[60, 90[	0,23

① Quelle est l'amplitude des classes?

② Établir un tableau comprenant les classes, le centre de chaque classe, les fréquences relatives, les fréquences cumulées relatives ascendantes, les amplitudes et les hauteurs corrigées ou densités.

CORRIGÉ :

① Déterminons l'amplitude de chaque classe :

Nous savons que l'amplitude d'une classe bornée $[C_i, C_{i+1}[$ est :

$$\boxed{a_i = C_{i+1} - C_i}.$$

Application numérique :

(a) En ce qui concerne la classe [10, 20[, l'amplitude est : $a_1 = 10$.

(b) En ce qui concerne la classe [20, 30[, l'amplitude est : $a_2 = 10$.

(c) En ce qui concerne la classe [30, 40[, l'amplitude est : $a_3 = 10$.

(d) En ce qui concerne la classe [40, 60[, l'amplitude est : $a_4 = 20$.

(e) En ce qui concerne la classe [60, 90[, l'amplitude est : $a_5 = 30$.

(2) **Établissons un tableau comprenant les classes, le centre de chaque classe, les fréquences relatives, les fréquences cumulées relatives ascendantes, les amplitudes et les hauteurs corrigées ou densités :**

Comme ici l'histogramme ne peut être construit qu'à partir des f_i (fréquences relatives) et que les amplitudes des classes sont inégales, nous savons que les hauteurs corrigées ou densités nous sont données par la formule :

$$\boxed{h_i = \frac{f_i}{a_i}}.$$

D'où le tableau suivant :

Modalités ou classes	Centres	Fréquences relatives $f_i = \frac{n_i}{n}$	Fréquences cumulées absolues ascendantes	Amplitudes a_i	Densités h_i
[10, 20[	15	0,03	0,03	10	0,003
[20, 30[	25	0,07	0,1	10	0,007
[30, 40[	35	0,3	0,4	10	0,03
[40, 60[	50	0,37	0,77	20	0,0185
[60, 90[	75	0,23	1 ↓	30	0,00767
		1	« moins de »		

☞ EXERCICE n° 8

ÉNONCÉ :

Une étude statistique sur la population de la 19e circonscription de Paris a permis de regrouper les individus par classes dont les centres sont :

3, 9, 15, 21, 27, 33, 39.

(1) Quelle est l'amplitude des classes? (on supposera que les amplitudes des classes sont égales).

(2) Écrire les différentes classes.

CORRIGÉ :

(1) Déterminons l'amplitude des classes :

Nous savons que l'amplitude d'une classe bornée $[C_i, C_{i+1}[$ est :

$$\boxed{a_i = C_{i+1} - C_i}.$$

Dans ces conditions, il paraît évident que l'amplitude des classes est égale à 6.

(2) Écrivons les différentes classes :

D'une part, nous savons que les amplitudes des classes sont égales à 6.
D'autre part, nous connaissons les centres des différentes classes.

D'où les classes sont :

$$[0,6[,\ [6,12[,\ [12,18[,\ [18,24[,\ [24,30[,\ [30,36[,\ [36,42[.$$

☞ EXERCICE n° 9

ÉNONCÉ :

On considère l'ensemble des moyennes obtenues en Gestion de Portefeuille à l'Université de Dauphine par 21 étudiants :

08, 11, 07, 06, 12, 15, 05

09, 11, 09, 08, 13, 13, 16

06, 18, 07, 10, 10, 11, 01

(1) **Classer ces moyennes dans des classes d'amplitude 5.**

(2) **Classer ces moyennes dans des classes ayant des amplitudes inégales :**

[0, 06[, [06, 09[, [09, 15[, [15, 20[.

CORRIGÉ :

(1) **Classons ces moyennes dans des classes d'amplitude 5 :**

Nous avons le tableau suivant :

Modalités ou classes	Effectifs ou fréquences absolues n_i
[0, 05[	1
[05, 10[	9
[10, 15[	8
[15, 20[	3
	$n = 21$

(2) Classons ces moyennes dans les classes [0, 06[, [06, 09[, [09, 15[, [15, 20[:

Modalités ou classes	Effectifs ou fréquences absolues n_i
[0, 06[	2
[06, 09[	6
[09, 15[	10
[15, 20[	3
	$n = 21$

☞ EXERCICE n° 10

ÉNONCÉ :

La répartition des étudiants en Sciences Économiques d'une université en fonction de leur niveau d'étude est :

DEUG 1ère année	**DEUG 2e année**	**LICENCE**	**MAÎTRISE**	**DEA**	**DESS**
1 000	**400**	**300**	**150**	**10**	**15**

(1) Quelle est la nature du caractère?

(2) Établir un tableau comprenant les modalités et les effectifs ou fréquences absolues.

(3) Donner une représentation graphique de ce tableau.

CORRIGÉ :

(1) **Déterminons la nature du caractère :**

Nous sommes en présence d'un caractère qualitatif car il est lié à une observation ne pouvant pas faire l'objet d'une mesure.

De plus, ses diverses modalités sont simplement constatées, repérées par un mot traduisant un état.

Enfin, ce caractère présente six modalités :

- DEUG 1ère année,
- DEUG 2e année,
- LICENCE,
- MAÎTRISE,
- DEA,
- DESS.

(2) **Établissons un tableau comprenant les modalités et les effectifs ou fréquences absolues :**

Nous avons le tableau suivant :

Modalités	Effectifs ou fréquences absolues n_i
DEUG 1ère année	1 000
DEUG 2e année	400
LICENCE	300
MAÎTRISE	150
DEA	100
DESS	50
	n = 2 000

(3) **Donnons une représentation graphique de ce tableau :**

Nous pouvons avoir recours à une représentation graphique : les tuyaux d'orgue ou diagramme à bandes ou graphique en barres.

Les modalités du caractère sont représentées par des rectangles de base constante dont les hauteurs sont proportionnelles aux effectifs. Les modalités sont en général ordonnées dans le sens croissant ou décroissant des effectifs.

D'où la représentation graphique :

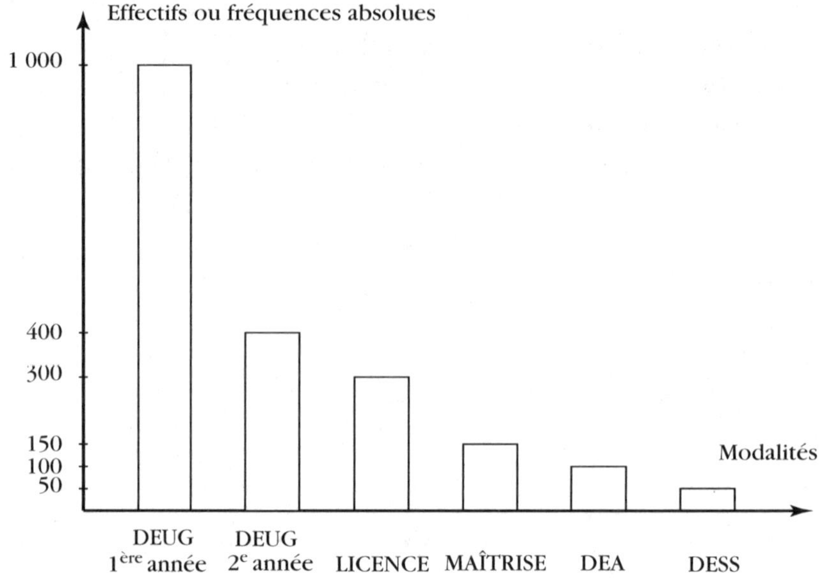

Il est bon de noter que nous avons recours à une telle représentation graphique car nous sommes en présence d'un caractère qualitatif.

☞ EXERCICE n° 11

ÉNONCÉ :

La répartition d'une population de 1 000 individus en fonction de leur catégorie sociale professionnelle (CSP) est :

CSP	Effectifs
Profession libérale	50
Enseignant	200
Travailleur indépendant	100
Employé de bureau	400
Ouvrier	50
Prestataire de service	200

(1) **Quelle est la nature du caractère?**

(2) **Établir un tableau comprenant les modalités et les effectifs ou fréquences absolues.**

(3) **Faire un graphique en tuyaux d'orgue.**

CORRIGÉ :

(1) **Déterminons la nature du caractère :**

Nous sommes en présence d'un caractère qualitatif car il est lié à une observation ne pouvant pas faire l'objet d'une mesure.

De plus, ses diverses modalités sont simplement constatées, repérées par un mot traduisant un état.

Enfin, ce caractère présente six modalités :

- Profession libérale,
- Enseignant,
- Travailleur indépendant,
- Employé de bureau,
- Ouvrier,
- Prestataire de service.

(2) **Établissons un tableau comprenant les modalités et les effectifs ou fréquences absolues :**

Nous avons le tableau suivant :

Modalités	Effectifs ou fréquences absolues n_i
Profession libérale	50
Enseignant	200
Travailleur indépendant	100
Employé de bureau	400
Ouvrier	50
Prestataire de service	200
	$n = 1\ 000$

(3) Faisons un graphique en tuyaux d'orgue :

Le caractère étant qualitatif, nous pouvons avoir recours à un graphique en tuyaux d'orgue ou diagramme à bandes ou graphique en barres.

Les modalités du caractère sont représentées par des rectangles de base constante dont les hauteurs sont proportionnelles aux effectifs. Les modalités sont en général ordonnées dans le sens croissant ou décroissant des effectifs. Cela étant, ce n'est pas obligatoire !

D'où le graphique suivant :

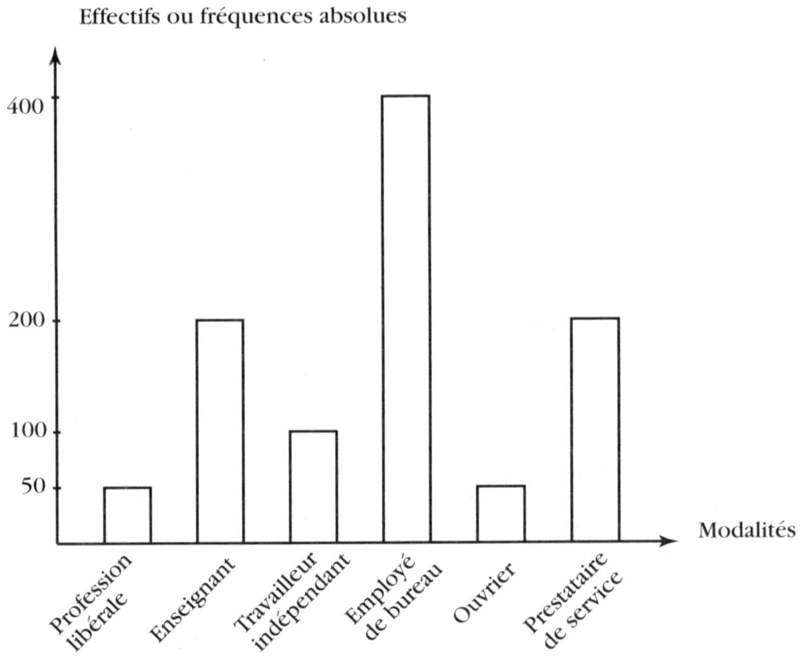

☞ EXERCICE n° 12

ÉNONCÉ :

Soit la série statistique nombre d'enfants par ménage suivante :

Nombre d'enfants	Ménages
0	30
1	45
2	15
3	60
4	90
5	60

(1) **Quelle est la nature du caractère?**

(2) **Établir un tableau comprenant les modalités, les effectifs ou fréquences absolues et les fréquences relatives.**

(3) **Représenter la distribution précédente par un diagramme en bâtons à partir des n_i.**

(4) **Même question mais à partir des f_i.**

CORRIGÉ :

(1) **Déterminons la nature du caractère :**

Nous sommes en présence d'un caractère quantitatif discret car d'une part on peut le mesurer ou le compter, d'autre part les valeurs observées sont isolées.

Par ailleurs, ce caractère présente six modalités :

- 0 enfant,
- 1 enfant,

- 2 enfants,
- 3 enfants,
- 4 enfants,
- 5 enfants.

(2) Établissons un tableau comprenant les modalités, les effectifs ou fréquences absolues et les fréquences relatives :

Nous avons le tableau suivant :

Modalités	Effectifs ou fréquences absolues n_i	Fréquences relatives $f_i = \frac{n_i}{n}$
0 enfant	30	0,1
1 enfant	45	0,15
2 enfants	15	0,05
3 enfants	60	0,2
4 enfants	90	0,3
5 enfants	60	0,2
	$n = 300$	1

(3) Représentons la distribution par un diagramme en bâtons à partir des n_i :

Nous savons que le diagramme en bâtons est un graphique dans lequel l'axe des abscisses représente les différentes modalités du caractère discret, tandis que l'axe des ordonnées présente les effectifs.

Pour chaque modalité du caractère, on trace un bâton d'une longueur proportionnelle aux effectifs à représenter.

Cela étant, nous pouvons aussi tracer un diagramme en bâtons à partir des fréquences relatives au lieu des effectifs ou fréquences absolues.

D'où le diagramme en bâtons à partir des n_i :

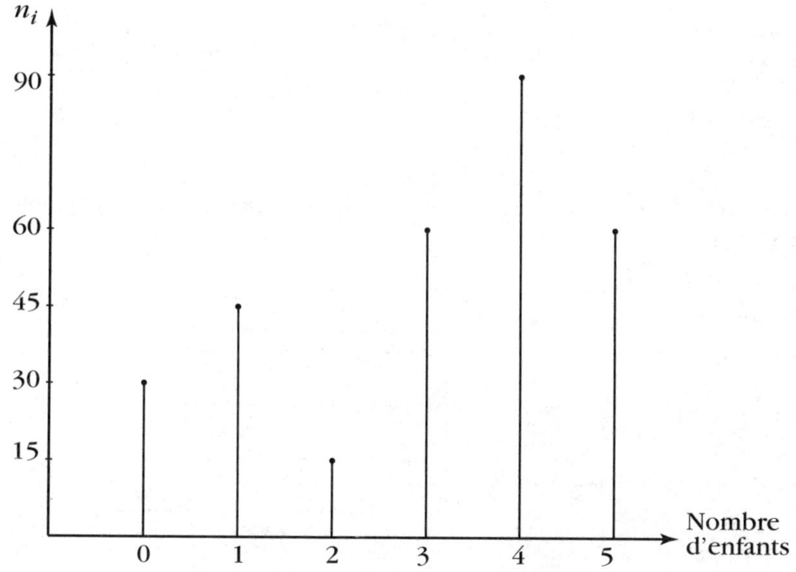

④ **Représentons la distribution par un diagramme en bâtons à partir des f_i :**

Comme nous l'avons déjà signalé, nous pouvons aussi tracer un diagramme en bâtons à partir des fréquences relatives.

D'où le diagramme en bâtons à partir des f_i :

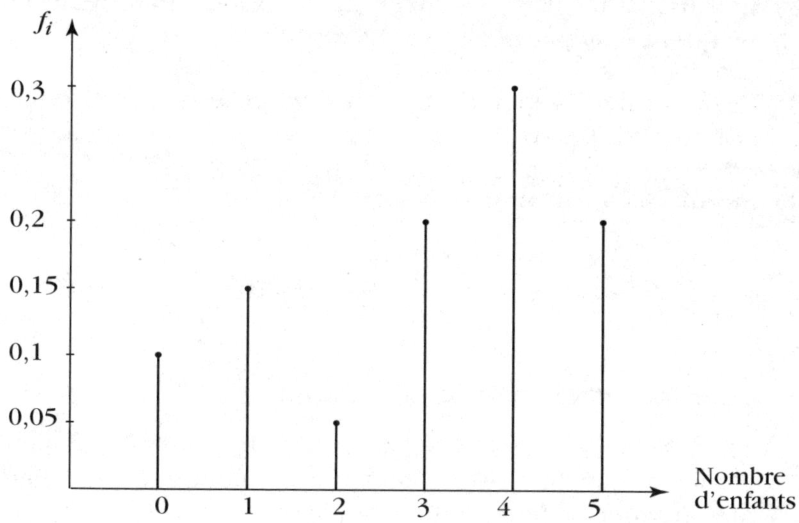

☞ EXERCICE n° 13

ÉNONCÉ :

Soit la distribution des salaires mensuels des 150 employés de la société atp :

Salaires (10^3 F)	Nombre d'employés
[5, 10[	30
[10, 15[	12
[15, 20[	15
[20, 25[	39
[25, 30[	27
[30, 35[	9
[35, 40[	18

1. **Quelle est la nature du caractère?**

2. **Établir un tableau comprenant les modalités, les effectifs ou fréquences absolues et les fréquences relatives.**

3. **Représenter la distribution précédente par un histogramme construit à partir des n_i.**

4. **Même question mais à partir des f_i.**

CORRIGÉ :

1. **Déterminons la nature du caractère :**

Nous sommes en présence d'un caractère quantitatif continu car d'une part on peut le mesurer ou le compter, d'autre part il peut prendre toute valeur d'un intervalle réel.

Par ailleurs, ce caractère présente sept modalités ou classes :

- [5, 10[,
- [10, 15[,
- [15, 20[,
- [20, 25[,
- [25, 30[,
- [30, 35[,
- [35, 40[.

(2) **Établissons un tableau comprenant les modalités, les effectifs ou fréquences absolues et les fréquences relatives :**

Nous avons le tableau suivant :

Modalités ou classes	Effectifs ou fréquences absolues n_i	Fréquences relatives $f_i = \frac{n_i}{n}$
[5, 10[	30	0,2
[10, 15[	12	0,08
[15, 20[	15	0,1
[20, 25[	39	0,26
[25, 30[	27	0,18
[30, 35[	9	0,06
[35, 40[	18	0,12
	$n = 150$	1

(3) **Représentons la distribution par un histogramme construit à partir des n_i :**

Nous savons que les histogrammes sont des diagrammes en surface. On représente les fréquences absolues ou relatives par des rectangles, la surface de chaque rectangle étant proportionnelle à la fréquence absolue ou relative.

Ainsi, l'histogramme comprend :

- en abscisses : les bornes de chaque classe,
- en ordonnées : les fréquences absolues (effectifs) ou les fréquences relatives.

Par ailleurs, il est bon de noter qu'ici les amplitudes des classes sont égales et que par conséquent il n'est pas nécessaire de calculer les « h_i »!

D'où l'histogramme à partir des n_i :

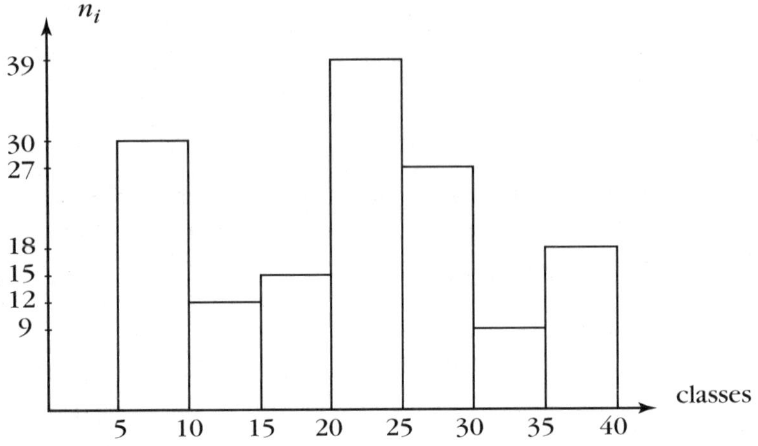

(4) **Représentons la distribution par un histogramme construit à partir des f_i :**

Comme nous l'avons déjà signalé, nous pouvons aussi tracer un histogramme à partir des fréquences relatives.

D'où l'histogramme à partir des f_i :

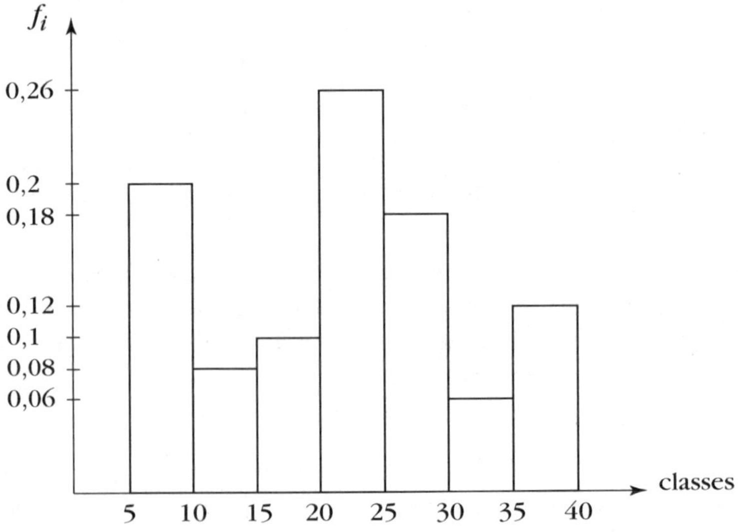

En définitive, il est bon de souligner qu'en fréquences relatives, la surface totale de l'histogramme est égale à 1.

☞ EXERCICE n° 14

ÉNONCÉ :

Soit la distribution des rémunérations annuelles de 100 NIP (Négociateur Individuel de Parquet) :

Rémunération (10^3 F)	Nombre de NIP
[200, 400[	3
[400, 600[	12
[600, 1 000[	24
[1 000, 1 600[	45
[1 600, 1 800[	9
[1 800, 2 000[	7

1. **Quelle est la nature du caractère?**

2. **Que remarquez-vous?**

3. **Établir un tableau comprenant les classes, les effectifs ou fréquences absolues, les fréquences relatives, les amplitudes et les hauteurs corrigées ou densités.**

4. **Représenter la distribution précédente par un histogramme construit à partir des n_i.**

5. **Même question mais à partir des f_i.**

CORRIGÉ :

(1) Déterminons la nature du caractère :

Nous sommes en présence d'un caractère quantitatif continu car d'une part on peut le mesurer ou le compter, d'autre part il peut prendre toute valeur d'un intervalle réel.

Par ailleurs, ce caractère présente six modalités ou classes :

- [200, 400[,
- [400, 600[,
- [600, 1 000[,
- [1 000, 1 600[,
- [1 600, 1 800[,
- [1 800, 2 000[.

(2) Que remarquons-nous ?

Nous remarquons que les amplitudes des classes sont inégales.

Dans ces conditions, on ajoute au tableau une colonne « a_i » (amplitude des classes bornées) et une colonne « h_i », h_i étant la hauteur du rectangle correspondant à la $i^{\text{ème}}$ classe avec :

- $h_i = \dfrac{n_i}{a_i}$ si l'histogramme est construit à partir des n_i;
- $h_i = \dfrac{f_i}{a_i}$ si l'histogramme est construit à partir des f_i.

(3) Établissons un tableau comprenant les classes, les effectifs ou fréquences absolues, les fréquences relatives, les amplitudes et les hauteurs corrigées ou densités :

Nous avons le tableau suivant :

Modalités ou classes	Effectifs ou fréquences absolues n_i	Fréquences relatives $f_i = \frac{n_i}{n}$	Amplitudes a_i	Densités $h_i = \frac{n_i}{a_i}$	Densités $h_i = \frac{f_i}{a_i}$
[200, 400[	3	0,03	200	0,015	0,00015
[400, 600[	12	0,12	200	0,06	0,0006
[600, 1 000[	24	0,24	400	0,06	0,0006
[1 000, 1 600[	45	0,45	600	0,075	0,00075
[1 600, 1 800[	9	0,09	200	0,045	0,00045
[1 800, 2 000[	7	0,07	200	0,035	0,00035
	$n = 100$	1			

④ Représentons la distribution par un histogramme construit à partir des n_i :

Comme l'histogramme doit être construit à partir des n_i et que les amplitudes des classes sont inégales, nous allons mettre en ordonnée les hauteurs corrigées ou densités h_i avec : $h_i = \frac{n_i}{a_i}$.

D'où l'histogramme suivant :

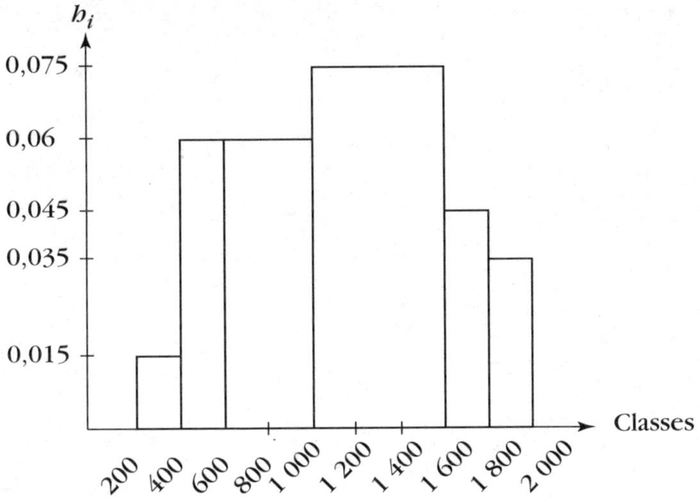

(5) Représentons la distribution par un histogramme construit à partir des f_i :

Comme l'histogramme doit être construit à partir des f_i et que les amplitudes des classes sont inégales, nous allons mettre en ordonnée les hauteurs corrigées ou densités h_i avec : $h_i = \frac{f_i}{a_i}$.

D'où l'histogramme suivant :

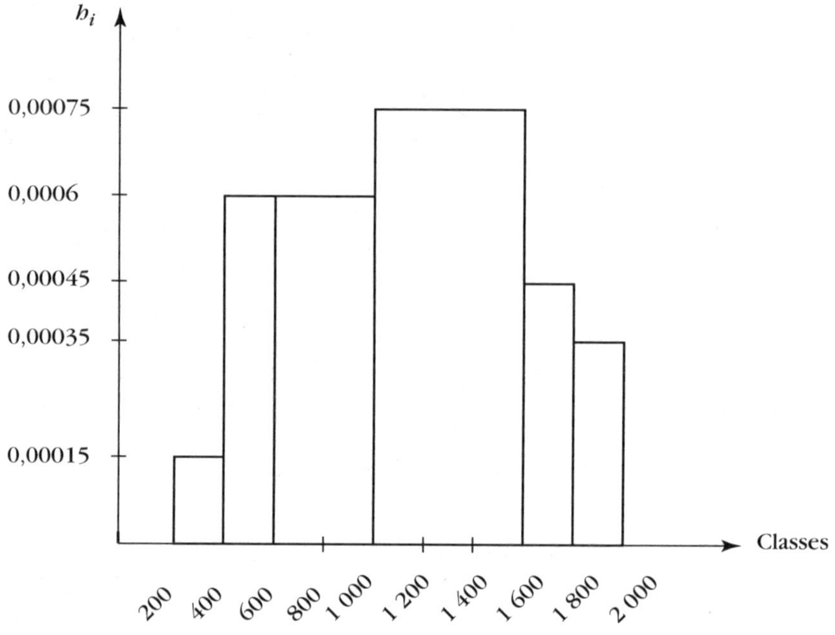

☞ EXERCICE n° 15

ÉNONCÉ :

Soit la distribution de la taille d'une promotion de 300 polytechniciens :

Taille (en cm)	Nombre de Polytechniciens
moins de 160	33
[160, 170[	57
[170, 180[	150
[180, 200[	45
200 et plus	15

(1) **Quelle est la nature du caractère?**

(2) **Que remarquez-vous?**

(3) **Établir un tableau comprenant les classes, les effectifs ou fréquences absolues, les fréquences relatives, les amplitudes et les hauteurs corrigées ou densités.**

(4) **Représenter la distribution précédente par un histogramme construit à partir des n_i.**

(5) **Même question mais à partir des f_i.**

CORRIGÉ :

(1) **Déterminons la nature du caractère :**

Nous sommes en présence d'un caractère quantitatif continu car d'une part on peut le mesurer ou le compter, d'autre part il peut prendre toute valeur d'un intervalle réel.

Par ailleurs, ce caractère présente cinq modalités ou classes :

- moins de 160,
- [160, 170[,
- [170, 180[,
- [180, 200[,
- 200 et plus.

(2) **Que remarquons-nous?**

Nous pouvons faire deux remarques :

(a) D'une part, nous remarquons que les amplitudes des classes sont inégales. Dans ces conditions, on ajoute au tableau une colonne « a_i » (amplitude des classes bornées) et une colonne « h_i », h_i étant la hauteur du rectangle correspondant à la $i^{\text{ème}}$ classe avec :

- $h_i = \dfrac{n_i}{a_i}$ si l'histogramme est construit à partir des n_i;
- $h_i = \dfrac{f_i}{a_i}$ si l'histogramme est construit à partir des f_i.

(b) D'autre part, nous remarquons que le caractère de la première classe est représenté sous la forme « moins de », tandis que la dernière classe de la série est sous la forme « et plus ».

Par convention on adopte comme longueur de chacune de ces deux classes, la longueur de l'intervalle de classe pris comme unité.

(3) **Établissons un tableau comprenant les classes, les effectifs ou fréquences absolues, les fréquences relatives, les amplitudes et les hauteurs corrigées ou densités :**

Nous avons le tableau suivant :

Modalités ou classes	Effectifs ou fréquences absolues n_i	Fréquences relatives $f_i = \frac{n_i}{n}$	Amplitudes a_i	Densités $h_i = \frac{n_i}{a_i}$	Densités $h_i = \frac{f_i}{a_i}$
[150, 160[	33	0,11	10	3,3	0,011
[160, 170[	57	0,19	10	5,7	0,019
[170, 180[	150	0,5	10	15	0,05
[180, 200[	45	0,15	20	2,25	0,0075
[200, 210[	15	0,05	10	1,5	0,005
	$n = 300$	1			

④ **Représentons la distribution par un histogramme construit à partir des n_i :**

Comme l'histogramme doit être construit à partir des n_i et que les amplitudes des classes sont inégales, nous allons mettre en ordonnée les hauteurs corrigées ou densités h_i avec : $h_i = \frac{n_i}{a_i}$.

D'où l'histogramme suivant :

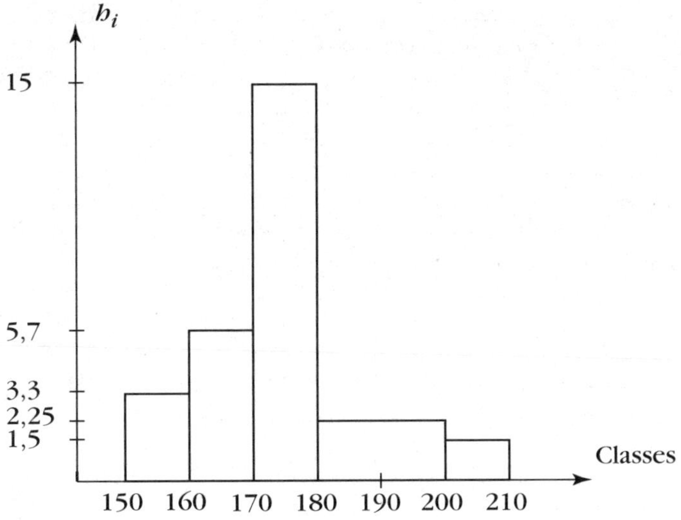

(5) Représentons la distribution par un histogramme construit à partir des f_i :

Comme l'histogramme doit être construit à partir des f_i et que les amplitudes des classes sont inégales, nous allons mettre en ordonnée les hauteurs corrigées ou densités h_i avec : $h_i = \frac{f_i}{a_i}$.

D'où l'histogramme suivant :

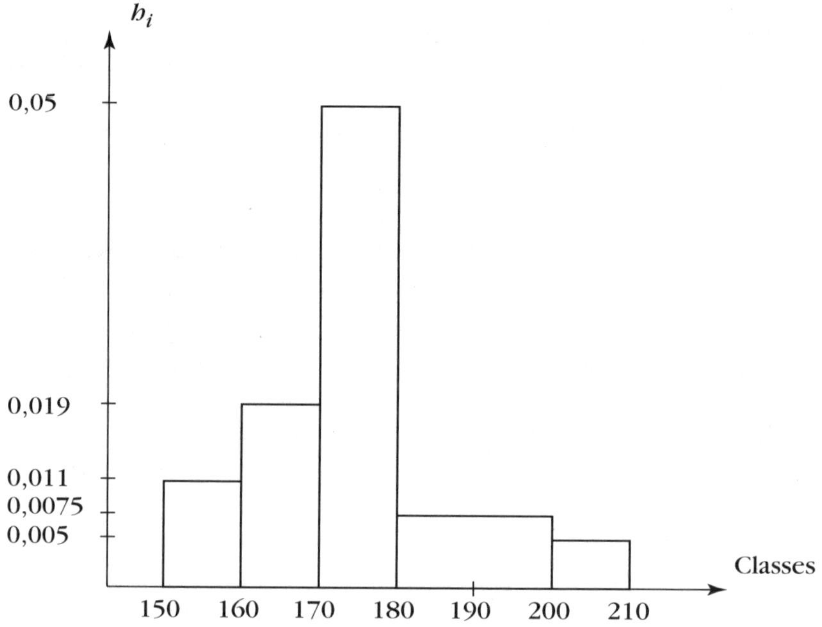

☞ EXERCICE n° 16

ÉNONCÉ :

Soit la série statistique de l'exercice n° 12 :

Nombre d'enfants	Ménages
0	30
1	45
2	15
3	60
4	90
5	60

(1) **Établir un tableau comprenant les modalités, les effectifs ou fréquences absolues, les fréquences relatives, les fréquences cumulées absolues ascendantes et descendantes, et les fréquences cumulées relatives ascendantes et descendantes.**

(2) **Tracer le polygone des fréquences après avoir représenté la distribution des fréquences absolues par un diagramme en bâtons.**

(3) **Même question mais à partir des fréquences relatives.**

(4) **Représenter le diagramme cumulatif ou courbe cumulative.**

CORRIGÉ :

(1) **Établissons un tableau comprenant les modalités, les effectifs ou fréquences absolues, les fréquences relatives, les fréquences cumulées absolues ascendantes et descendantes, et les fréquences cumulées relatives ascendantes et descendantes :**

Modalités	Effectifs ou fréquences absolues n_i	Fréquences relatives $f_i = \frac{n_i}{n}$	Fréquences cumulées absolues ascendantes
0 enfant	30	0,1	30 ↓
1 enfant	45	0,15	75
2 enfants	15	0,05	90
3 enfants	60	0,2	150
4 enfants	90	0,3	240
5 enfants	60	0,2	300
	$n = 300$	1	« moins de »

Modalités	Fréquences cumulées absolues descendantes	Fréquences cumulées relatives ascendantes	Fréquences cumulées relatives descendantes
0 enfant	300 ↑	0,1 ↓	1 ↑
1 enfant	270	0,25	0,90
2 enfants	225	0,3	0,75
3 enfants	210	0,5	0,7
4 enfants	150	0,8	0,5
5 enfants	60	1	0,2
	« plus de »	« moins de »	« plus de »

(2) Traçons le polygone des fréquences après avoir représenté la distribution des fréquences absolues par un diagramme en bâtons :

Il est bon de noter que dans le cas d'un caractère quantitatif discret, la notion de polygone des fréquences n'a pas de sens réel.

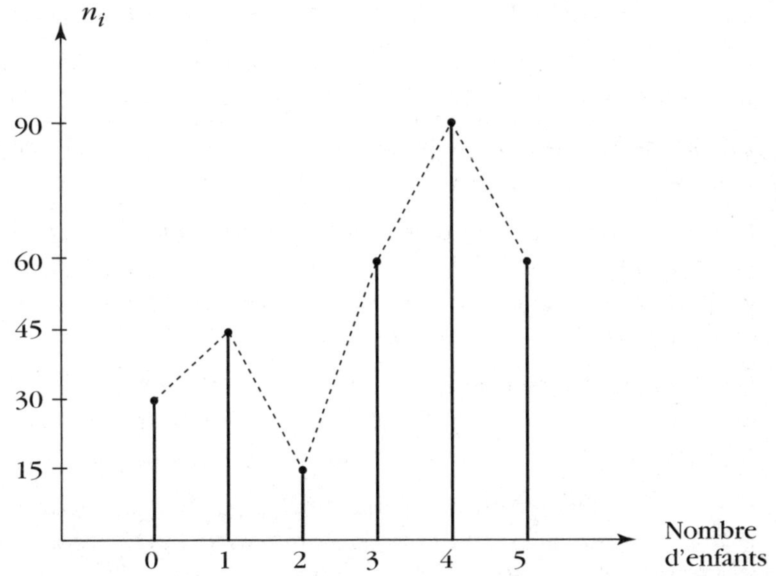

Le polygone des fréquences a été tracé en pointillé.

③ **Traçons le polygone des fréquences après avoir représenté la distribution des fréquences relatives par un diagramme en bâtons :**

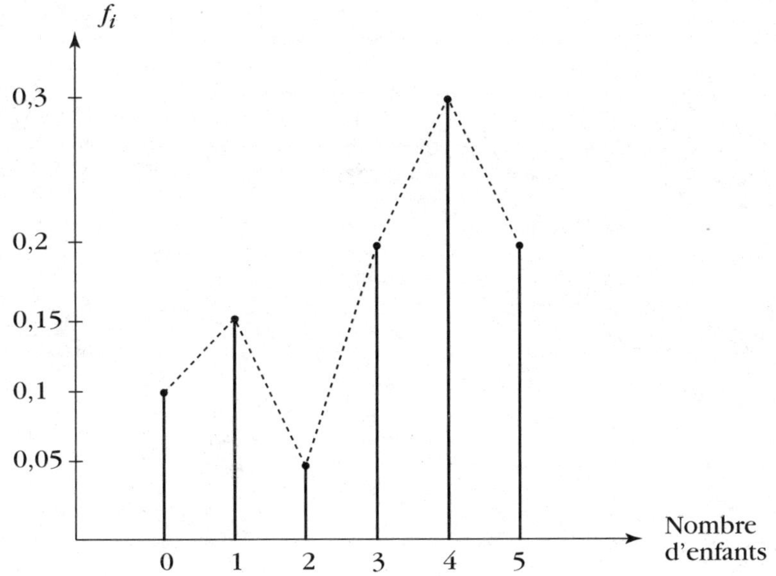

Le polygone des fréquences a été tracé en pointillé.

④ Représentons le diagramme cumulatif ou courbe cumulative :

Il s'agit de représenter les fréquences cumulées absolues ascendantes ou les fréquences cumulées relatives ascendantes.

La courbe obtenue à partir des valeurs du tableau est une courbe « en escaliers » dont les paliers sont horizontaux.

Il est bon de noter que dans le cas des fréquences cumulées relatives ascendantes, elle représente la proportion des individus pour lesquels la valeur de la variable est strictement inférieure à x_i (x_i étant une modalité du caractère).

Dans le cas des fréquences cumulées relatives ascendantes, le diagramme cumulatif ou la courbe cumulative porte le nom de fonction de répartition et se note $F(x)$.

Dans le cas des fréquences cumulées absolues ascendantes, le diagramme cumulatif ou la courbe cumulative porte aussi le nom de « fonction de répartition » mais se note $N(x)$.

Nous avons donc le tableau suivant :

Modalités : x_i	$N(x)$	$F(x)$
0 enfant	30	0,1
1 enfant	75	0,25
2 enfants	90	0,3
3 enfants	150	0,5
4 enfants	240	0,8
5 enfants	300	1

D'où les représentations graphiques suivantes :

(a) <u>$N(x)$:</u>

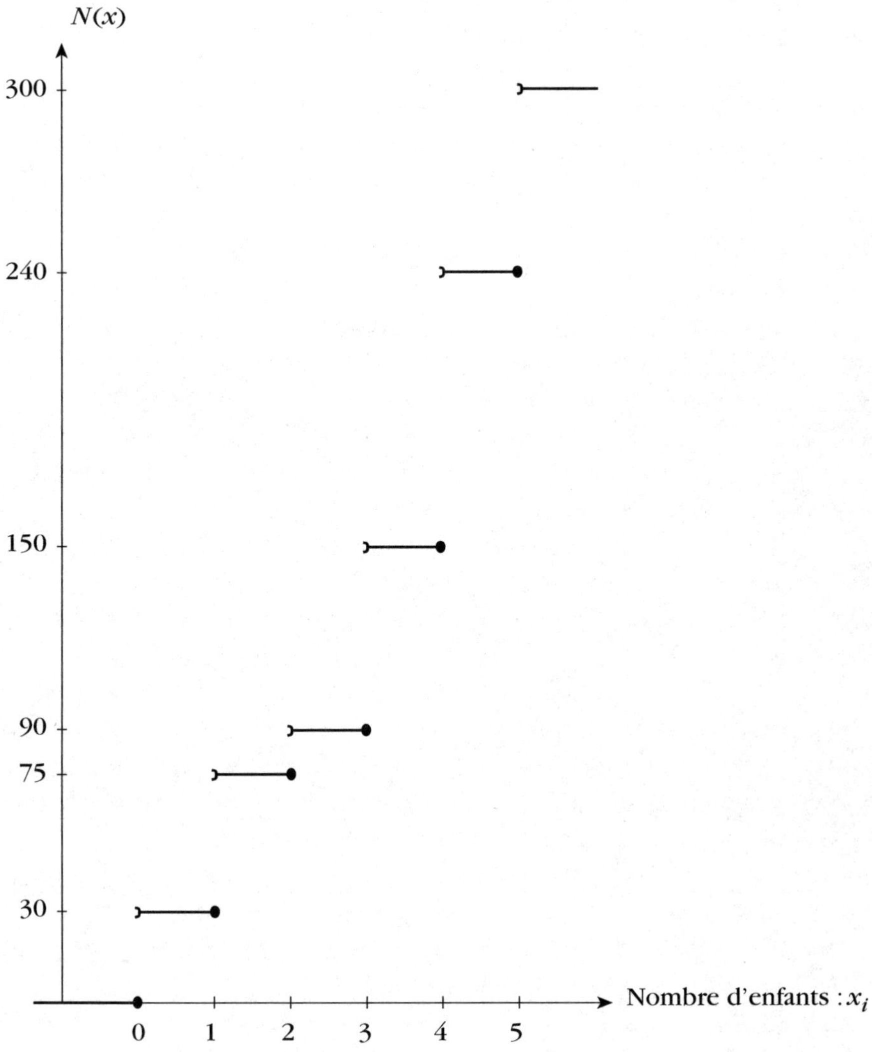

(b) $\underline{F(x)}$:

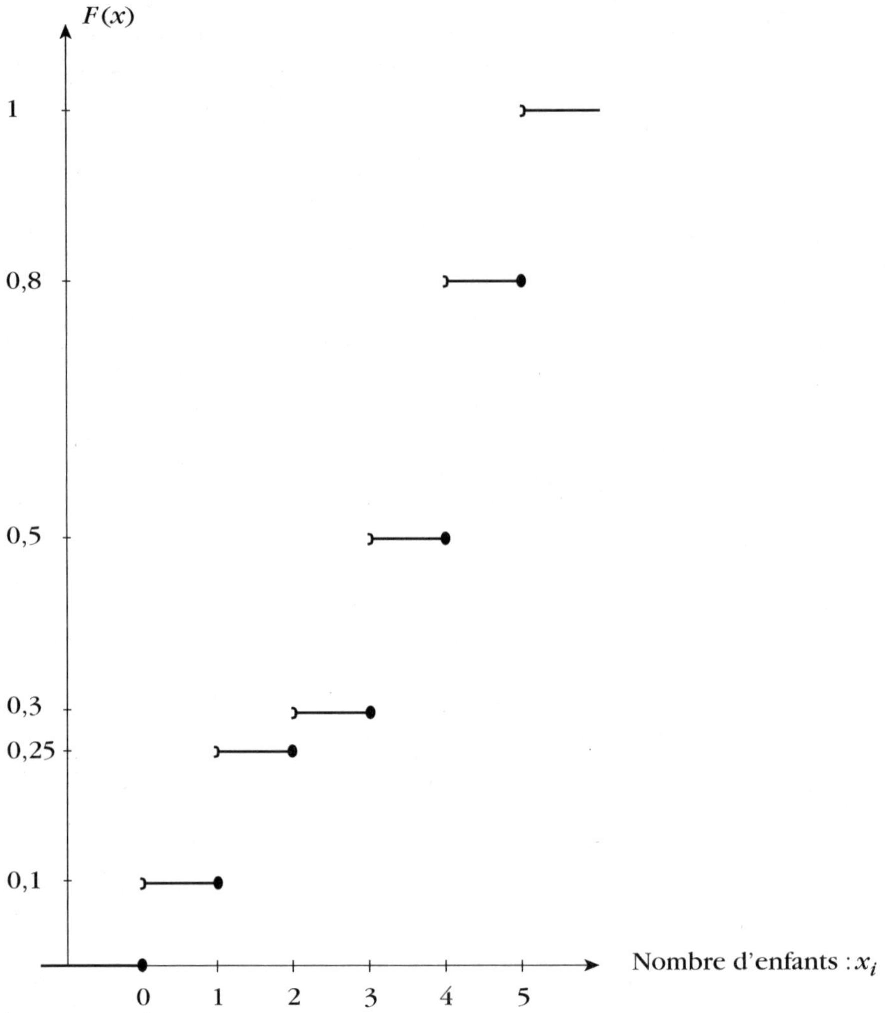

☞ EXERCICE n° 17

ÉNONCÉ :

Soit la distribution des salaires mensuels de l'exercice n° 13 :

Salaires (10^3 F)	Nombre d'employés
[5, 10[	30
[10, 15[	12
[15, 20[	15
[20, 25[	39
[25, 30[	27
[30, 35[	9
[35, 40[	18

(1) **Établir un tableau comprenant les modalités, les effectifs ou fréquences absolues, les fréquences relatives, les fréquences cumulées absolues ascendantes et les fréquences cumulées relatives ascendantes.**

(2) **Tracer le polygone des fréquences après avoir représenté la distribution des fréquences absolues par un histogramme.**

(3) **Même question mais à partir des fréquences relatives.**

(4) **Représenter la courbe cumulative.**

CORRIGÉ :

(1) Établissons un tableau comprenant les modalités, les effectifs ou fréquences absolues, les fréquences relatives, les fréquences cumulées absolues ascendantes et les fréquences cumulées relatives ascendantes :

Modalités ou classes	Effectifs ou fréquences absolues n_i	Fréquences relatives $f_i = \frac{n_i}{n}$	Fréquences cumulées absolues ascendantes	Fréquences cumulées relatives ascendantes
[5, 10[	30	0,2	30	0,2
[10, 15[	12	0,08	42	0,28
[15, 20[	15	0,1	57	0,38
[20, 25[	39	0,26	96	0,64
[25, 30[	27	0,18	123	0,82
[30, 35[	9	0,06	132	0,88
[35, 40[	18	0,12	150 ↓	1 ↓
	$n = 150$	1	« moins de »	« moins de »

(2) Traçons le polygone des fréquences après avoir représenté la distribution des fréquences absolues par un histogramme :

Ici les amplitudes des classes sont égales et par conséquent il n'est pas nécessaire de calculer les « h_i ».

Par ailleurs, on trace le polygone des fréquences en joignant les milieux des segments supérieurs de chaque rectangle et on ajoute deux fausses classes aux extrémités dont la fréquence absolue est nulle. De cette façon l'aire délimitée par le polygone des fréquences est égale à la surface de l'histogramme des fréquences absolues.

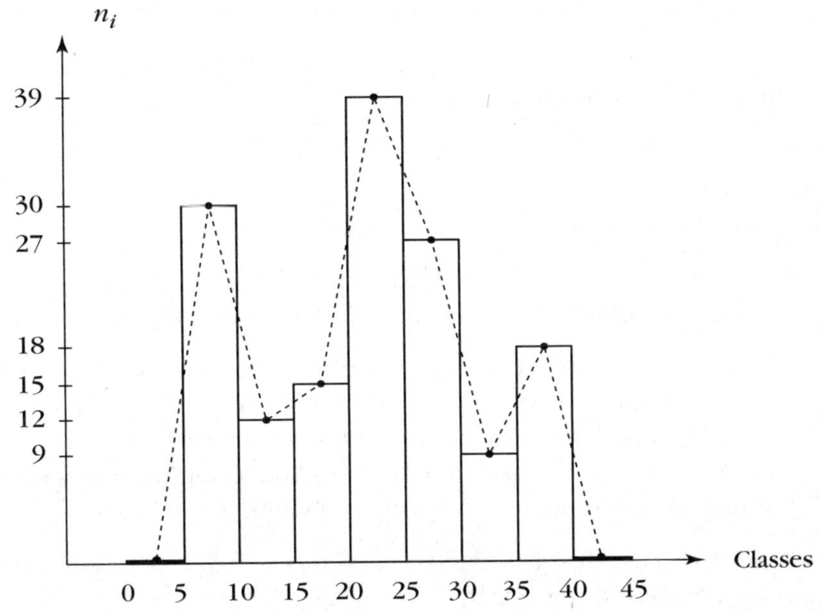

Le polygone des fréquences a été tracé en pointillé.

③ **Traçons le polygone des fréquences après avoir représenté la distribution des fréquences relatives par un histogramme :**

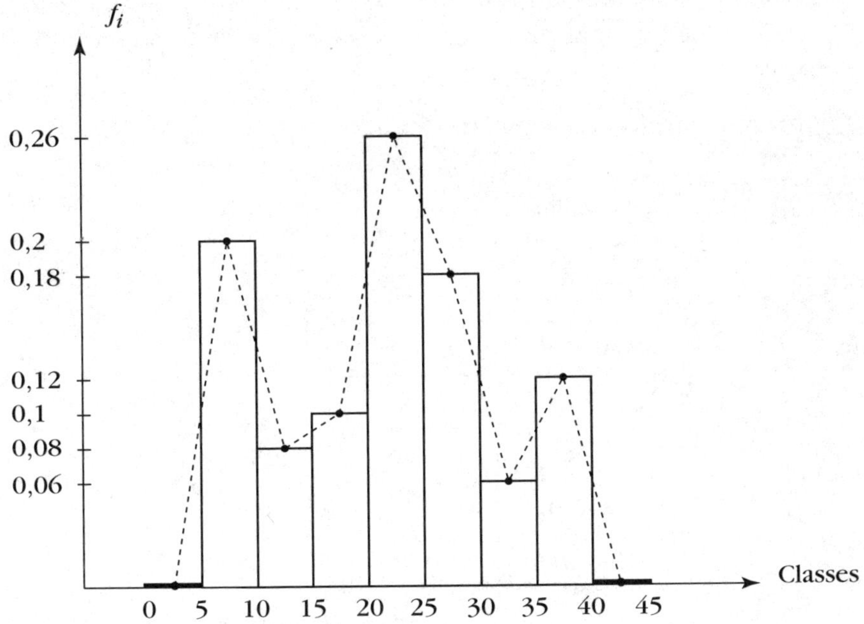

Le polygone des fréquences a été tracé en pointillé.

Il est bon de noter qu'en fréquences relatives, la surface sous le polygone des fréquences est toujours égale à 1.

(4) Représentons la courbe cumulative :

Il s'agit de représenter les fréquences cumulées absolues ascendantes ou les fréquences cumulées relatives ascendantes.

Il est bon de noter que dans le cas des fréquences cumulées relatives ascendantes, les individus étant regroupés en classes, la fréquence cumulée associée à la classe numéro i correspond à la proportion d'individus dont la valeur du caractère est strictement inférieure à la limite supérieure de la classe numéro i.

Dans le cas des fréquences cumulées relatives ascendantes, la courbe cumulative porte le nom de fonction de répartition et se note $F(x)$; dans celui des fréquences cumulées absolues ascendantes, elle porte aussi le nom de « fonction de répartition » mais se note $N(x)$.

Enfin, comme nous sommes en présence d'un caractère quantitatif continu, nous obtiendrons une courbe monotone non décroissante et le cumul se fera pour chaque classe à la limite supérieure de la classe.

Nous avons donc le tableau suivant :

Modalités ou classes	$N(x)$	$F(x)$
[5, 10[	30	0,2
[10, 15[	42	0,28
[15, 20[	57	0,38
[20, 25[	96	0,64
[25, 30[	123	0,82
[30, 35[	132	0,88
[35, 40[	150	1

a) <u>$N(x)$:</u>

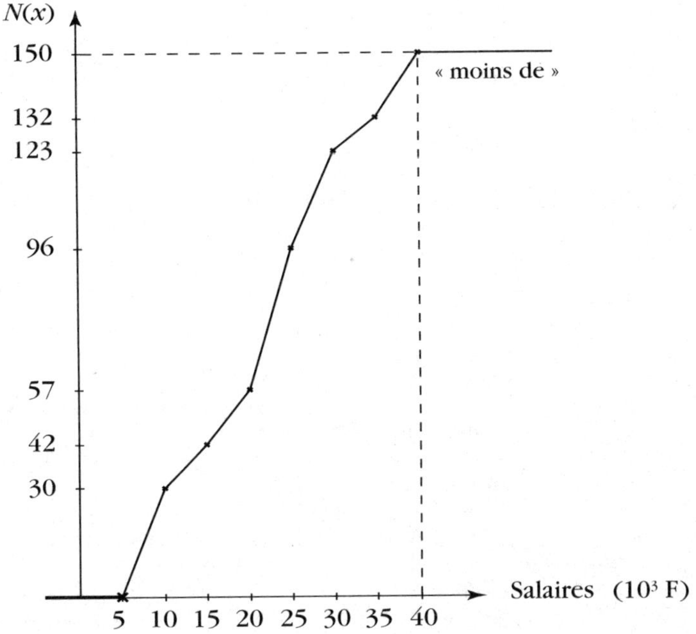

N(x)
150
132
123
96
57
42
30
« moins de »
Salaires (10³ F)
5 10 15 20 25 30 35 40

b) <u>$F(x)$:</u>

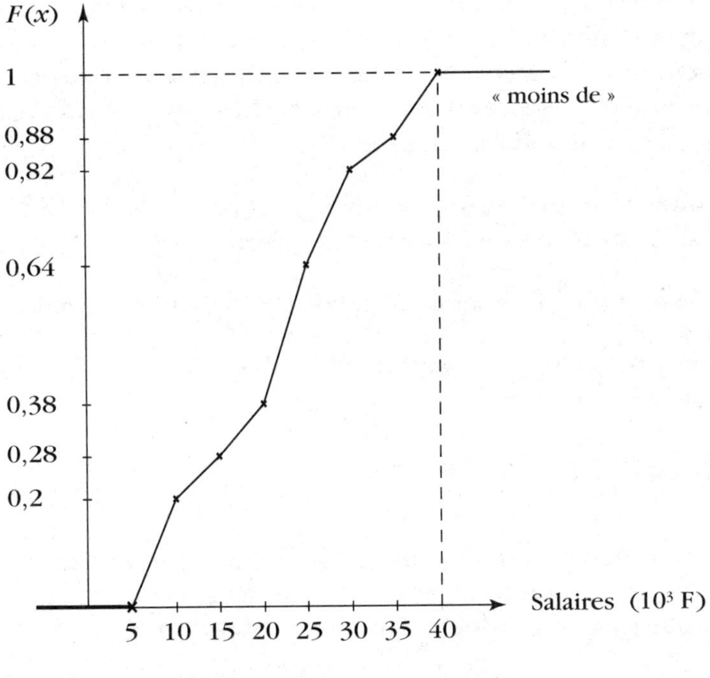

F(x)
1
0,88
0,82
0,64
0,38
0,28
0,2
« moins de »
Salaires (10³ F)
5 10 15 20 25 30 35 40

☞ EXERCICE n° 18

ÉNONCÉ :

Soit la distribution des rémunérations annuelles de 100 NIP de l'exercice n° 14 :

Rémunération (10^3 F)	Nombre de NIP
[200, 400[	3
[400, 600[	12
[600, 1 000[	24
[1 000, 1 600[	45
[1 600, 1 800[	9
[1 800, 2 000[	7

(1) Établir un tableau comprenant les modalités, les effectifs ou fréquences absolues, les fréquences relatives, les fréquences cumulées absolues ascendantes, les fréquences cumulées relatives ascendantes, les amplitudes et les hauteurs corrigées ou densités.

(2) Tracer le polygone des fréquences après avoir représenté la distribution des fréquences absolues par un histogramme.

(3) Même question mais à partir des fréquences relatives.

(4) Représenter la courbe cumulative.

CORRIGÉ :

(1) Établissons un tableau comprenant les modalités, les effectifs ou fréquences absolues, les fréquences relatives, les fréquences cumulées absolues ascendantes, les fréquences

cumulées relatives ascendantes, les amplitudes et les hauteurs corrigées ou densités :

Modalités ou classes	Effectifs ou fréquences absolues n_i	Fréquences relatives $f_i = \frac{n_i}{n}$	Fréquences cumulées absolues ascendantes	Fréquences cumulées relatives ascendantes
[200, 400[	3	0,03	3	0,03
[400, 600[	12	0,12	15	0,15
[600, 1 000[	24	0,24	39	0,39
[1 000, 1 600[	45	0,45	84	0,84
[1 600, 1 800[	9	0,09	93	0,93
[1 800, 2 000[	7	0,07	100 ↓	1 ↓
	$n = 100$	1	« moins de »	« moins de »

Modalités ou classes	Amplitudes a_i	Densités $h_i = \frac{n_i}{a_i}$	Densités $h_i = \frac{f_i}{a_i}$
[200, 400[	200	0,015	0,00015
[400, 600[	200	0,06	0,0006
[600, 1 000[	400	0,06	0,0006
[1 000, 1 600[	600	0,075	0,00075
[1 600, 1 800[	200	0,045	0,00045
[1 800, 2 000[	200	0,035	0,00035

(2) Traçons le polygone des fréquences après avoir représenté la distribution des fréquences absolues par un histogramme :

Comme l'histogramme doit être construit à partir des n_i et que les amplitudes des classes sont inégales, nous allons mettre en ordonnée les hauteurs corrigées ou densités h_i avec : $h_i = \frac{n_i}{a_i}$.

Par ailleurs, on trace le polygone des fréquences en joignant les milieux des segments supérieurs de chaque rectangle et on ajoute deux fausses classes aux extrémités dont la fréquence absolue est nulle. De cette façon l'aire délimitée par le polygone des fréquences est égale à la surface de l'histogramme des fréquences absolues.

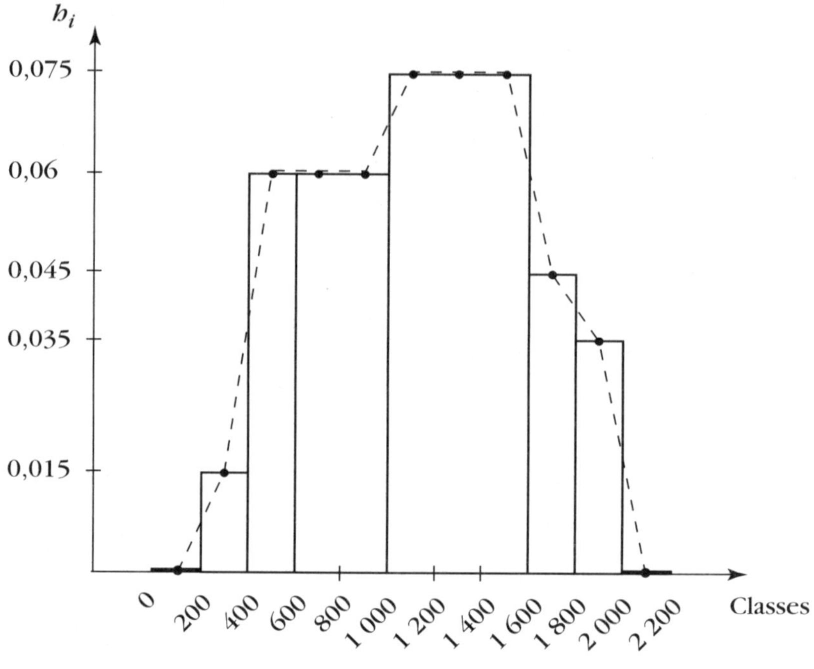

Le polygone des fréquences a été tracé en pointillé.

③ **Traçons le polygone des fréquences après avoir représenté la distribution des fréquences relatives par un histogramme :**

Comme l'histogramme doit être construit à partir des f_i et que les amplitudes des classes sont inégales, nous allons mettre en ordonnée les hauteurs corrigées ou densités h_i avec : $h_i = \frac{f_i}{a_i}$.

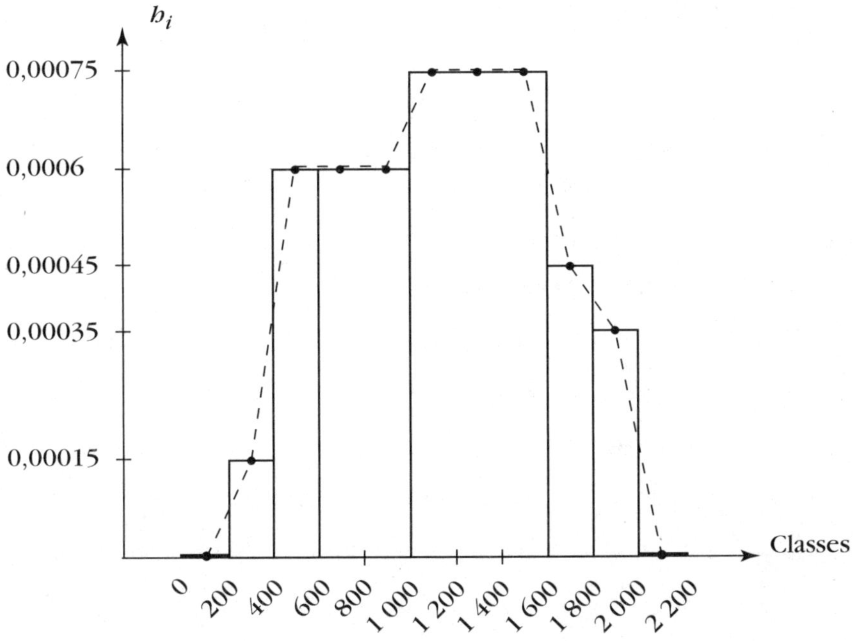

Le polygone des fréquences a été tracé en pointillé.

Il est bon de noter qu'en fréquences relatives, la surface sous le polygone des fréquences est toujours égale à 1.

(4) Représentons la courbe cumulative :

Il s'agit de représenter les fréquences cumulées absolues ascendantes ou les fréquences cumulées relatives ascendantes.

Il est bon de noter que dans le cas des fréquences cumulées relatives ascendantes, les individus étant regroupés en classes, la fréquence cumulée associée à la classe numéro i correspond à la proportion d'individus dont la valeur du caractère est strictement inférieure à la limite supérieure de la classe numéro i.

Dans le cas des fréquences cumulées relatives ascendantes, la courbe cumulative porte le nom de fonction de répartition et se note $F(x)$; dans celui des fréquences cumulées absolues ascendantes, elle porte aussi le nom de « fonction de répartition » mais se note $N(x)$.

Enfin, comme nous sommes en présence d'un caractère quantitatif continu, nous obtiendrons une courbe monotone non décroissante et le cumul se fera pour chaque classe à la limite supérieure de la classe.

Nous avons donc le tableau suivant :

Modalités ou classes	$N(x)$	$F(x)$
[200, 400[	3	0,03
[400, 600[	15	0,15
[600, 1 000[	39	0,39
[1 000, 1 600[	84	0,84
[1 600, 1 800[	93	0,93
[1 800, 2 000[	100	1

(a) <u>$N(x)$:</u>

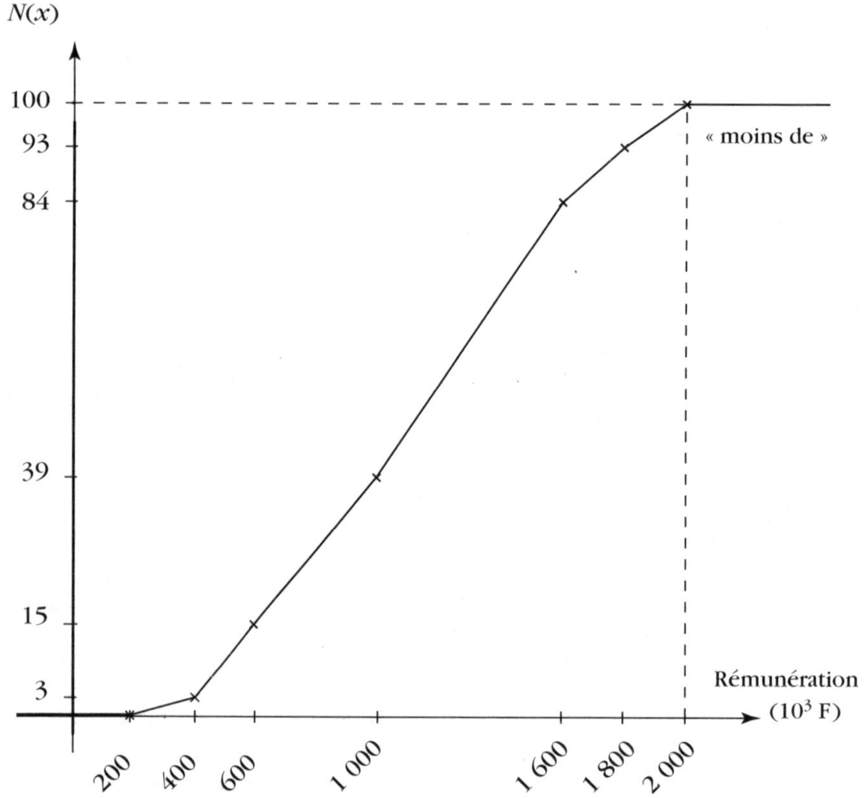

(b) <u>$F(x)$:</u>

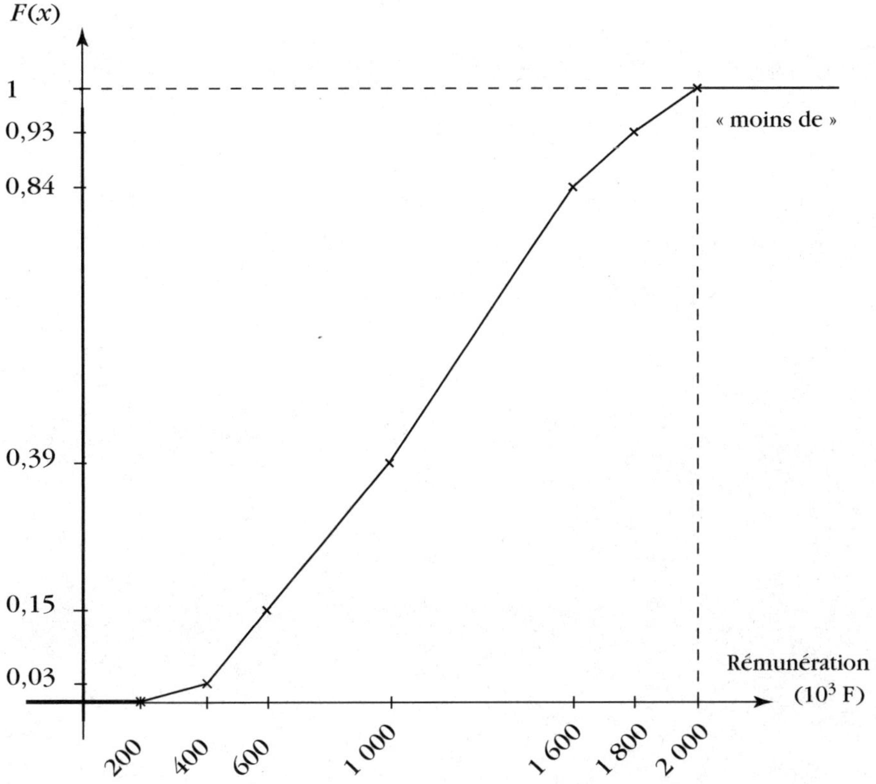
F(x)
1
0,93
0,84
0,39
0,15
0,03
« moins de »
Rémunération
(10³ F)
200
400
600
1 000
1 600
1 800
2 000

II

LES CARACTÉRISTIQUES DE TENDANCE CENTRALE OU PARAMÈTRES DE POSITION

Mode – Intervalle modal – Classe modale – Médiane – Intervalle médian – Classe médiane – Autres quantiles : quartiles, déciles, centiles – Les moyennes : la moyenne arithmétique, la moyenne géométrique, la moyenne harmonique et la moyenne quadratique – Généralisation de la notion de moyenne.

☞ EXERCICE n° 19

ÉNONCÉ :

(1) **Définir le mode d'une distribution statistique. Donner un exemple.**

(2) **Définir ce qu'est un intervalle modal. Donner un exemple.**

(3) **Définir la notion de classe modale. Donner un exemple.**

CORRIGÉ :

(1) **Définissons le mode d'une distribution statistique et donnons un exemple :**

Le mode ou M_0 d'une distribution statistique est la valeur de la variable possédant le plus grand effectif ou la plus grande fréquence relative.

Dans ces conditions, lorsque nous sommes en présence d'une variable discrète, le mode est la modalité (ou x_i) pour laquelle la fréquence (absolue ou relative) est la plus élevée.

Graphiquement, sur le diagramme en bâtons, le mode est la modalité (ou x_i) correspondant au bâton le plus élevé.

Dans le cas d'une variable continue, nous devons distinguer deux cas :

- si les classes ont des amplitudes égales, le mode correspond alors à la valeur qui occupe le centre de la classe associée à la plus grande fréquence (absolue ou relative);
- si les classes ont des amplitudes inégales, le mode correspond alors à la valeur qui occupe le centre de la classe associée à la densité (h_i) la plus grande.

Cela étant, dans les deux cas, la classe qui contient le mode se nomme la classe modale.

Graphiquement, sur l'histogramme, la classe modale est celle qui correspond au rectangle le plus élevé.

Enfin, il est bon de noter :

- d'une part, si une distribution statistique possède un seul mode, elle est dite unimodale;
- d'autre part, si elle possède plusieurs modes, elle est dite plurimodale.

Donnons à présent un exemple des différents cas précédents :

Variable discrète :

Soit la distribution statistique d'une population de 60 consommateurs d'un restaurant selon le nombre de voitures qu'ils possèdent :

Modalités x_i	Effectifs ou fréquences absolues n_i	Fréquences relatives $f_i = \frac{n_i}{n}$
0	12	0,2
1	15	0,25
2	21	0,35
3	6	0,1
4	3	0,05
5	3	0,05
	$n = 60$	1

Ici le mode est 2 voitures car c'est la modalité (ou x_i) pour laquelle la fréquence (absolue ou relative) est la plus élevée.

Graphiquement, nous avons :

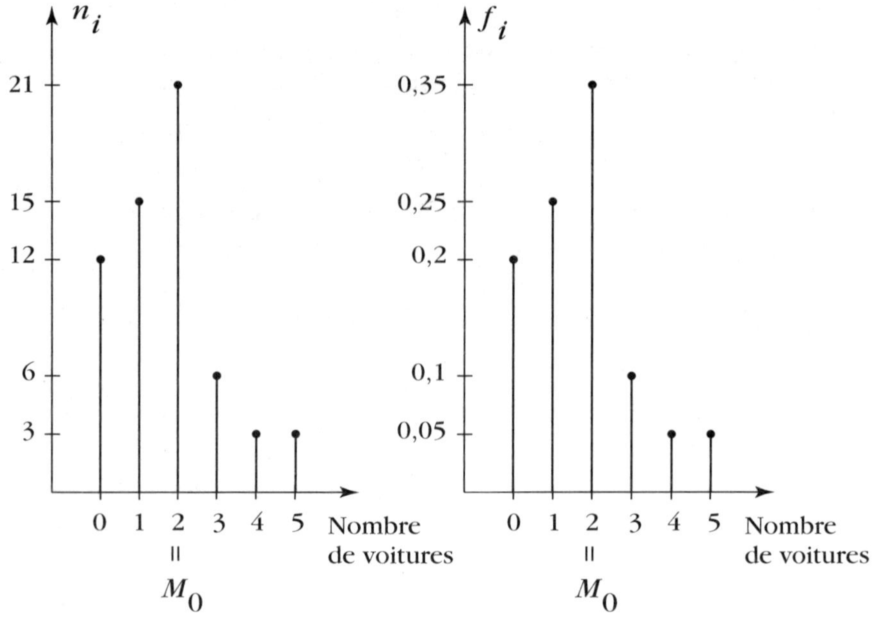

Variable continue si les classes ont des amplitudes égales :

Soit la distribution statistique d'une population de 60 consommateurs d'un restaurant selon leur âge :

Modalités ou classes	Effectifs ou fréquences absolues n_i	Fréquences relatives $f_i = \frac{n_i}{n}$
[20, 30[	15	0,25
[30, 40[	27	0,45
[40, 50[	9	0,15
[50, 60[	9	0,15
	$n = 60$	1

Ici la classe modale est [30, 40[et le mode est le centre de cette classe soit 35 ans.

Graphiquement, nous avons :

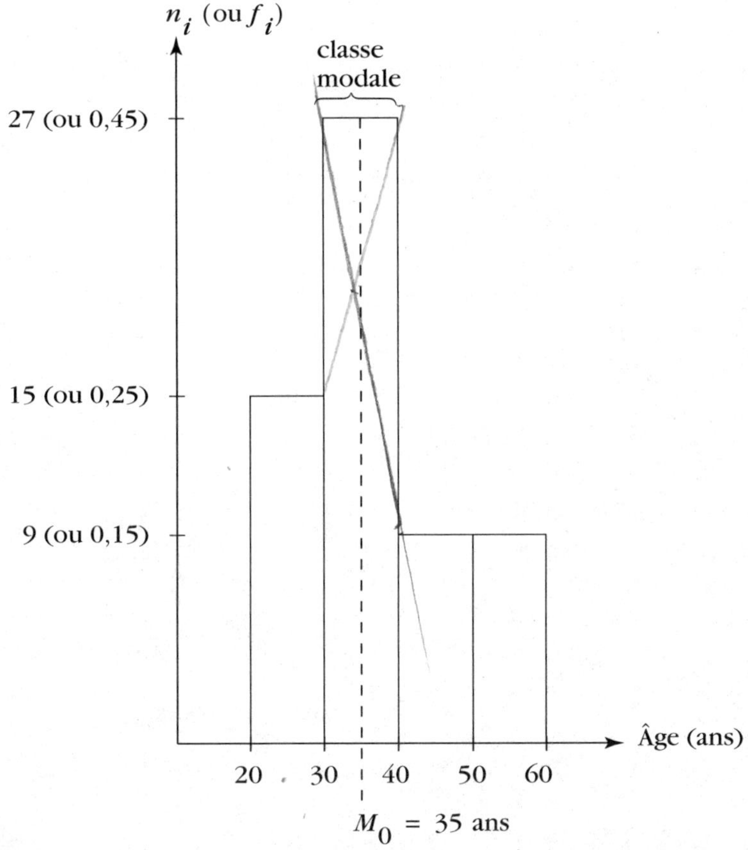

Variable continue si les classes ont des amplitudes inégales :

Soit la distribution statistique d'une population de 60 consommateurs d'un restaurant selon leur âge :

Modalités ou classes	Effectifs ou fréquences absolues n_i	Fréquences relatives $f_i = \frac{n_i}{n}$	Amplitudes a_i	Densités $h_i = \frac{n_i}{a_i}$	Densités $h_i = \frac{f_i}{a_i}$
[20, 30[	9	0,15	10	0,9	0,015
[30, 50[	33	0,55	20	1,65	0,0275
[50, 60[	18	0,3	10	1,8	0,03
	$n = 60$	1			

Ici la classe modale est $[50, 60[$ et le mode est le centre de cette classe soit 55 ans.

Graphiquement, nous avons :

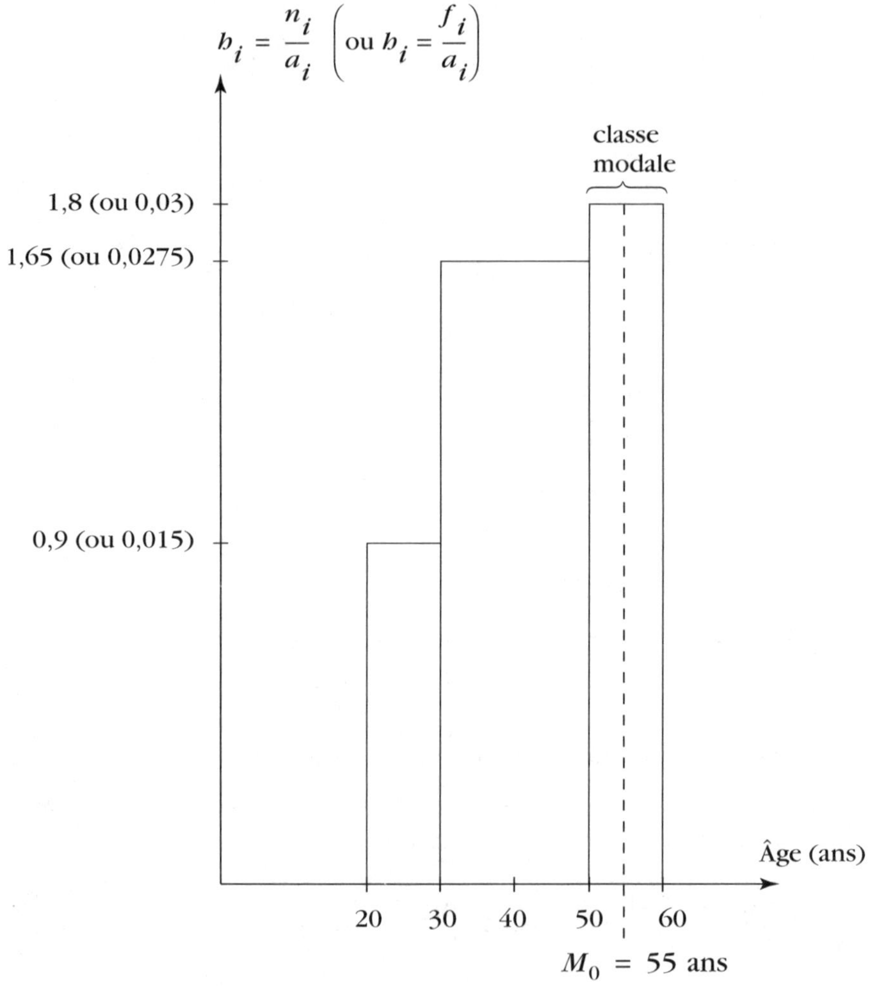

② **Définissons ce qu'est un intervalle modal et donnons un exemple :**

Dans le cas d'une variable discrète, si deux modalités ont la fréquence (absolue ou relative) la plus élevée alors on définit un intervalle modal.

Nous pouvons prendre comme exemple, la distribution statistique suivante d'une population de 60 consommateurs d'un restaurant selon le nombre de voitures qu'ils possèdent :

Modalités x_i	Effectifs ou fréquences absolues n_i	Fréquences relatives $f_i = \frac{n_i}{n}$
0	9	0,15
1	18	0,3
2	18	0,3
3	6	0,1
4	9	0,15
	$n = 60$	1

Ici deux modalités ont la fréquence (absolue ou relative) la plus élevée :

- 1 voiture,
- 2 voitures.

D'où l'intervalle modal est : [1, 2].

Graphiquement, nous avons :

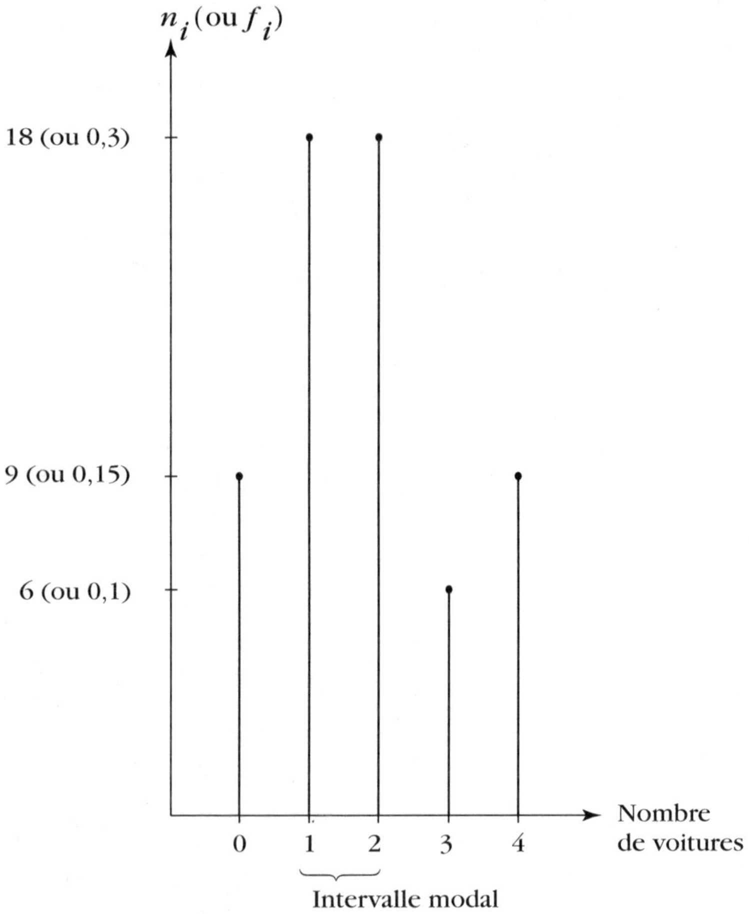

③ Définissons la notion de classe modale et donnons un exemple :

Dans le cas d'une variable continue, graphiquement sur l'histogramme la classe modale est celle qui correspond au rectangle le plus élevé.

Nous pouvons prendre comme exemple, la distribution statistique suivante d'une population de 60 consommateurs d'un restaurant selon leur âge :

Modalités ou classes	Effectifs ou fréquences absolues n_i	Fréquences relatives $f_i = \frac{n_i}{n}$
[20, 30[	15	0,25
[30, 40[	27	0,45
[40 , 50[	9	0,15
[50, 60[	9	0,15
	$n = 60$	1

Ici la classe modale est : [30, 40[.

Graphiquement, nous avons :

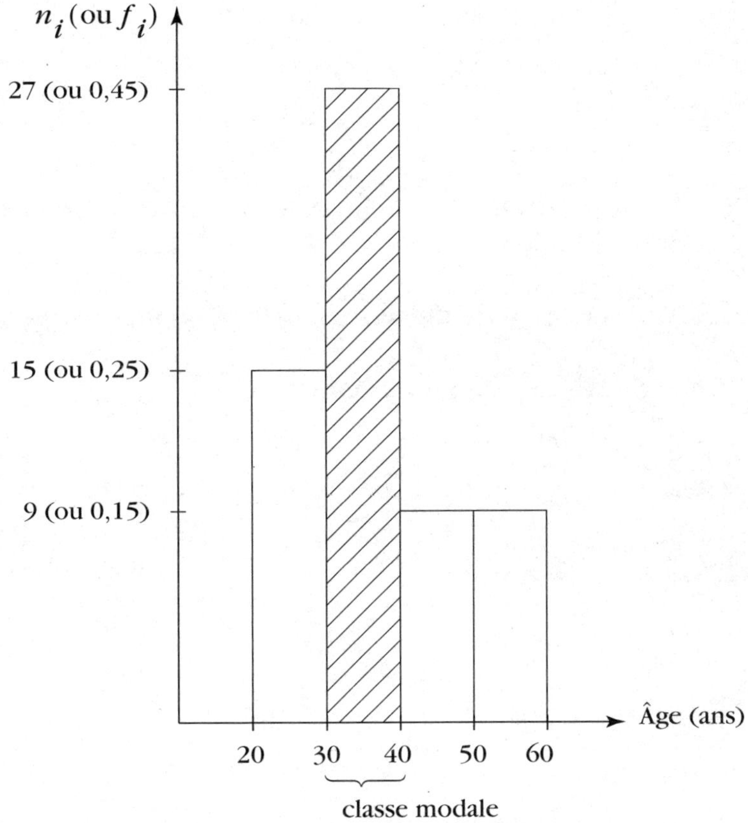

☞ EXERCICE n° 20

ÉNONCÉ :

Le tableau suivant donne la répartition d'une population en fonction du nombre de titres boursiers qu'ils ont acquis cette année :

Modalités ou classes	**Effectifs ou fréquences absolues n_i**
0	**20**
10	**40**
20	**30**
30	**70**
40	**40**

1. **Établir un tableau comprenant les modalités, les effectifs ou fréquences absolues et les fréquences relatives.**

2. **Déterminer le mode de cette distribution statistique.**

3. **Existe-t-il un intervalle modal?**

CORRIGÉ :

(1) **Établissons un tableau comprenant les modalités, les effectifs ou fréquences absolues et les fréquences relatives :**

Modalités x_i	Effectifs ou fréquences absolues n_i	Fréquences relatives $f_i = \frac{n_i}{n}$
0	20	0,1
10	40	0,2
20	30	0,15
30	70	0,35
40	40	0,2
	$n = 200$	1

(2) **Déterminons le mode de cette distribution statistique :**

Comme nous sommes en présence d'une variable discrète, nous savons que le mode est la modalité (ou x_i) pour laquelle la fréquence (absolue ou relative) est la plus élevée.

Dans ces conditions, ici le mode est : $M_0 = 30$ titres boursiers.

(3) **Existe-t-il un intervalle modal?**

Nous savons qu'il existe un intervalle modal si, et seulement si, deux modalités ont la fréquence (absolue ou relative) la plus élevée.

Or ici ce cas de figure ne se présente pas.

Nous pouvons donc affirmer qu'il n'existe pas d'intervalle modal.

☞ EXERCICE n° 21

ÉNONCÉ :

Soit la distribution statistique de 200 entreprises selon leur bénéfice :

Bénéfice (10^6 F)	Nombre d'entreprises
[0, 1[	30
[1, 2[	4
[2, 4[	24
[4,7[	70
[7, 9[	72

① **Déterminer la classe modale de cette distribution statistique.**

② **Calculer le mode ou valeur dominante.**

CORRIGÉ :

① **Déterminons la classe modale de cette distribution statistique :**

Pour cela nous allons établir un tableau comprenant les modalités, les effectifs ou fréquences absolues, les fréquences relatives, les amplitudes et les densités h_i.

En effet, nous sommes obligés de calculer les h_i car les classes ont des amplitudes inégales.

Modalités ou classes	Effectifs ou fréquences absolues n_i	Fréquences relatives $f_i = \frac{n_i}{n}$	Amplitudes a_i	Densités $h_i = \frac{n_i}{a_i}$	Densités $h_i = \frac{f_i}{a_i}$
[0, 1[	30	0,15	1	30	0,15
[1, 2[	4	0,02	1	4	0,02
[2, 4[	24	0,12	2	12	0,06
[4, 7[	70	0,35	3	23,333	0,11666
[7, 9[	72	0,36	2	36	0,18
	$n = 200$	1			

Comme les classes ont des amplitudes inégales, nous savons que le mode correspond à la valeur qui occupe le centre de la classe associée à la densité (h_i) la plus grande. De plus, la classe qui contient le mode se nomme la classe modale.

Dans ces conditions, la classe modale est : [7, 9[.

(2) **Calculons le mode ou valeur dominante :**

Nous savons que le mode ou valeur dominante correspond à la valeur qui occupe le centre de la classe modale.
Dans ces conditions, le mode est : $M_0 = 8 \cdot 10^6$ F.

☞ EXERCICE n° 22

ÉNONCÉ :

(1) **Définir la notion de médiane.**

(2) **Dans le cas d'une variable discrète, comment calcule-t-on la médiane? Donner un exemple.**

(3) **Dans le cas d'une variable continue, comment calcule-t-on la médiane? Donner un exemple.**

CORRIGÉ :

① **Définissons la notion de médiane :**

La médiane *Me*, ou quantile d'ordre 0,5, est le nombre qui partage la série des valeurs observées en deux séries de même taille.

Il est bon de noter que pour déterminer la médiane, nous devons ranger par ordre croissant ou décroissant les individus de la population.

② **Déterminons comment on calcul la médiane dans le cas d'une variable discrète et donnons un exemple :**

Nous devons distinguer quatre cas :

- **1er cas :**

Soit une série statistique possédant un nombre impair de termes :

$$\{6, 9, 9, 3, 0, 12, 15\}.$$

Dans un premier temps, nous rangeons par ordre croissant les nombres de cette série, d'où on obtient :

$$\{0, 3, 6, 9, 9, 12, 15\}.$$

Dans un second temps, nous déterminons le nombre qui partage la série des valeurs observées en deux séries de même taille, d'où on obtient :

$$\{0, 3, 6, \underset{\substack{\uparrow \\ Me}}{9}, 9, 12, 15\}.$$

Au total, la médiane est : $Me = 9$.

- **2e cas :**

Soit une série statistique possédant un nombre pair de termes :

$$\{7, 37, 39, 3, 51, 63\}.$$

Dans un premier temps, nous rangeons par ordre croissant les nombres de cette série; d'où on obtient :

$$\{3, 7, 37, 39, 51, 63\}.$$

Dans un second temps, nous déterminons le nombre qui partage la série des valeurs observées en deux séries de même taille; d'où on obtient :

$$\{3, 7, 37, \underset{\substack{\uparrow \\ \text{Intervalle médian}}}{,} 39, 51, 63\}.$$

Au total, l'intervalle médian est : [37, 39].

De plus, nous pouvons calculer la médiane :

$$Me = \frac{37 + 39}{2} \Leftrightarrow Me = 38.$$

(la médiane est constituée par la moyenne arithmétique du troisième et du quatrième terme).

- **3e cas :**

Le tableau suivant donne la répartition d'une population en fonction du nombre de titres boursiers qu'ils ont acquis cette année :

Modalités x_i	Effectifs ou fréquences absolues n_i
0	20
10	40
20	30
30	70
40	40

Dans un premier temps, nous établissons un tableau comprenant les modalités, les effectifs ou fréquences absolues, les fréquences relatives, les fréquences cumulées absolues ascendantes ($N(x)$) et les fréquences cumulées relatives ascendantes ($F(x)$).

Modalités x_i	Effectifs ou fréquences absolues n_i	Fréquences relatives $f_i = \frac{n_i}{n}$	$N(x)$	$F(x)$
0	20	0,1	20	0,1
10	40	0,2	60	0,3
20	30	0,15	90	0,45
30	70	0,35	160	0,8
40	40	0,2	200 ↓	1 ↓
	$n = 200$	1	« moins de »	« moins de »

Dans un second temps, nous déterminons la médiane.

La population comprend 200 individus. La médiane est la valeur de la variable (nombre de titres boursiers) qui partage ces 200 individus en deux sous-ensembles de 100.

Nous recherchons donc dans la colonne $N(x)$ le nombre 100 et dans la colonne $F(x)$ le nombre 0,5.

Or ces deux nombres apparaissent entre deux lignes du tableau : la modalité 20 et la modalité 30.

Par convention, nous retiendrons comme médiane la valeur de la modalité : 30.

Au total, la médiane est : $Me = 30$ titres boursiers.

- **4e cas :**

Le tableau suivant donne la répartition d'une population en fonction du nombre de titres boursiers qu'ils ont acquis cette année :

Modalités x_i	Effectifs ou fréquences absolues n_i
0	20
10	40
20	40
30	70
40	30

Dans un premier temps, nous établissons un tableau comprenant les modalités, les effectifs ou fréquences absolues, les fréquences relatives, les fréquences cumulées absolues ascendantes ($N(x)$) et les fréquences cumulées relatives ascendantes ($F(x)$).

Modalités x_i	Effectifs ou fréquences absolues n_i	Fréquences relatives $f_i = \frac{n_i}{n}$	$N(x)$	$F(x)$
0	20	0,1	20 ↓	0,1 ↓
10	40	0,2	60	0,3
20	40	0,2	100	0,5
30	70	0,35	170	0,85
40	30	0,15	200	1
	$n = 200$	1	« moins de »	« moins de »

Dans un second temps, nous déterminons la médiane.

La population comprend 200 individus. La médiane est la valeur de la variable (nombre de titres boursiers) qui partage ces 200 individus en deux sous-ensembles de 100.

Nous recherchons donc dans la colonne $N(x)$ le nombre 100 et dans la colonne $F(x)$ le nombre 0,5.

Or ces deux nombres apparaissent sur la ligne du tableau : modalité 20.

Au total, la médiane est donc : $Me = 20$ titres boursiers.

(3) Déterminons comment on calcule la médiane dans le cas d'une variable continue et donnons un exemple :

Préalablement, il est bon de noter que pour le calcul de la médiane, aucune différence n'est faite selon que les classes ont des amplitudes égales ou inégales.

Dans le cas d'une variable continue, le calcul de la médiane se fait en deux étapes :

- 1ère étape : détermination de la classe médiane.
- 2e étape : détermination de la médiane soit par interpolation linéaire, soit graphiquement.

Prenons un exemple ; soit la distribution statistique de 200 entreprises selon leur bénéfice :

Bénéfice (10^6 F)	Nombre d'entreprises
[0, 1[	30
[1, 2[	4
[2, 4[	24
[4, 7[	70
[7, 9[	72

- 1ère étape : détermination de la classe médiane.

Établissons un tableau comprenant les modalités, les effectifs ou fréquences absolues, les fréquences relatives, les fréquences cumulées absolues ascendantes ($N(x)$) et les fréquences cumulées relatives ascendantes ($F(x)$).

Modalités ou classes	Effectifs ou fréquences absolues n_i	Fréquences relatives $f_i = \frac{n_i}{n}$	$N(x)$	$F(x)$
[0, 1[	30	0,15	30	0,15
[1, 2[	4	0,02	34	0,17
[2, 4[	24	0,12	58	0,29
[4, 7[	70	0,35	128	0,64
[7, 9[	72	0,36	200 ↓	1 ↓
	$n = 200$	1	« moins de »	« moins de »

La population comprend 200 entreprises. La classe médiane est la classe de valeurs de la variable (bénéfice en 10^6 F) contenant la médiane. Elle est déterminée de la même manière que la médiane dans le cas d'une variable discrète.

La médiane est la valeur de la variable (bénéfice 10^6 F) qui partage ces 200 entreprises en deux sous-ensembles de 100.

Nous recherchons donc dans la colonne $N(x)$ le nombre 100 et dans la colonne $F(x)$ le nombre 0,5.

Or ces deux nombres apparaissent entre deux lignes du tableau :

la classe [2, 4[et la classe [4, 7[.

Par convention, nous retiendrons comme classe médiane, la classe [4, 7[.

Au total, la classe médiane est : $I = [4, 7[$.

- 2e étape : détermination de la médiane par interpolation linéaire et graphiquement.

(a) Détermination de la médiane par interpolation linéaire :

Soit I la classe médiane. Posons $I = [C_i, C_{i+1}[$.

Soient a_i l'amplitude de la classe médiane, f_i la fréquence relative correspondante et $F(x_{i-1})$ la valeur de la fréquence cumulée relative ascendante de la classe $[C_{i-1}, C_i[$.

En faisant l'hypothèse d'équirépartition des données, nous savons que la médiane nous est donnée par la formule :

$$\boxed{Me = C_i + a_i \cdot \left[\frac{0{,}5 - F(x_{i-1})}{f_i}\right]}.$$

Application numérique :

$$Me = 4 + 3 \cdot \left[\frac{0{,}5 - 0{,}29}{0{,}35}\right] \Rightarrow Me = 5{,}8.$$

Au total, la médiane est : $Me = 5{,}8 \cdot 10^6$ F.

(b) Détermination de la médiane graphiquement :

Pour déterminer la médiane graphiquement, nous devons représenter la courbe cumulative soit à partir des fréquences cumulées absolues ascendantes soit à partir des fréquences cumulées relatives ascendantes sur un papier millimétré de préférence et soigneusement!

Nous rappelons que comme nous sommes en présence d'un caractère quantitatif continu, nous obtiendrons une courbe monotone non décroissante et le cumul se fera pour chaque classe à la limite supérieure de la classe.

Nous allons déterminer la médiane uniquement à partir de la fonction de répartition $F(x)$.

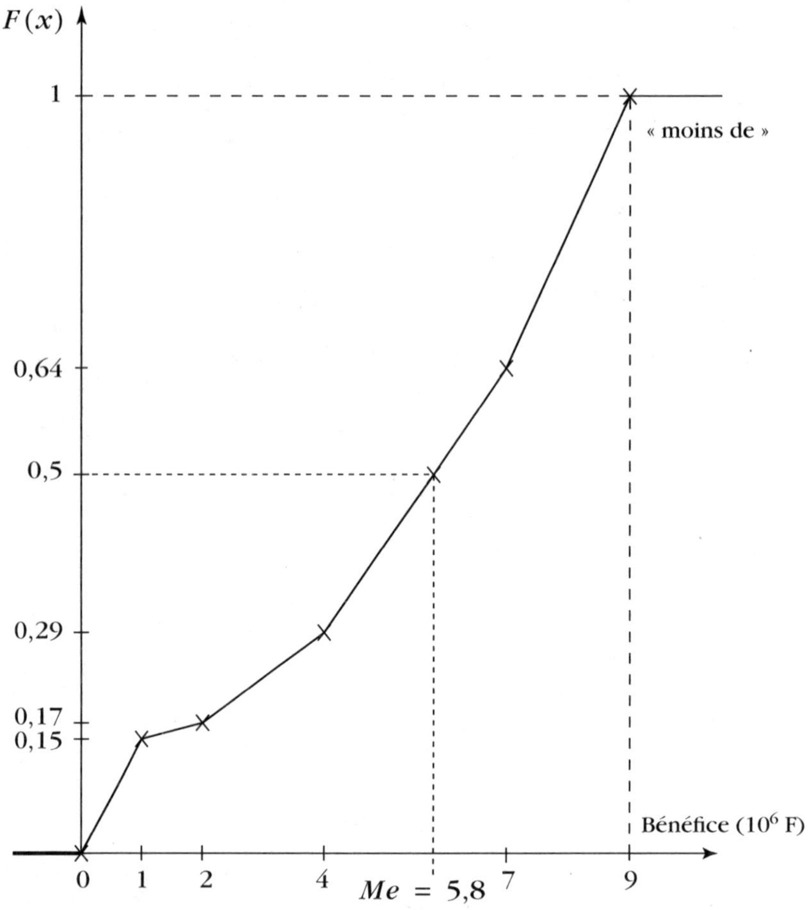

F(x)
1
0,64
0,5
0,29
0,17
0,15
« moins de »
Bénéfice (10⁶ F)
0
1
2
4
Me = 5,8
7
9

☞ EXERCICE n° 23

ÉNONCÉ :

Dans une librairie, 180 auteurs ont été répartis suivant le nombre de manuels qu'ils ont écrits :

Nombre de manuels écrits	**Effectifs**
1	**54**
2	**36**
3	**27**
4	**45**
5	**9**
6	**0**
7	**9**

Calculer la médiane de cette série.

CORRIGÉ :

Calculons la médiane de cette série :

Nous savons que la médiane *Me*, ou quantile d'ordre 0,5, est le nombre qui partage la séric des valeurs observées en deux séries de même taille.

Pour calculer la médiane, dans un premier temps, établissons un tableau comprenant les modalités, les effectifs ou fréquences absolues, les fréquences relatives, les fréquences cumulées absolues ascendantes ($N(x)$) et les fréquences cumulées relatives ascendantes ($F(x)$).

Modalités x_i	Effectifs ou fréquences absolues n_i	Fréquences relatives $f_i = \frac{n_i}{n}$	$N(x)$	$F(x)$
1	54	0,3	54	0,3
2	36	0,2	90	0,5
3	27	0,15	117	0,65
4	45	0,25	162	0,9
5	9	0,05	171	0,95
6	0	0	171	0,95
7	9	0,05	180 ↓	1 ↓
	$n = 180$	1	« moins de »	« moins de »

Dans un second temps, nous déterminons la médiane.

La population comprend 180 individus. La médiane est la valeur de la variable (nombre de manuels écrits) qui partage ces 180 individus en deux sous-ensembles de 90.

Nous recherchons donc dans la colonne $N(x)$ le nombre 90 et dans la colonne $F(x)$ le nombre 0,5.

Or ces deux nombres apparaissent sur la ligne du tableau : modalité 2.

Au total, la médiane est donc : $Me = 2$ manuels.

☞ EXERCICE n° 24

ÉNONCÉ :

Le tableau suivant donne la répartition d'une population par tranches d'âge :

Classes	**[0, 10[**	**[10, 20[**	**[20, 30[**	**[30, 40[**	**[40, 50[**	**[50, 60[**
Effectifs	**18**	**44**	**68**	**54**	**42**	**62**

Calculer la médiane en ayant exclusivement recours aux fréquences absolues.

CORRIGÉ :

Calculons la médiane en ayant exclusivement recours aux fréquences absolues :

- 1[ére] étape : détermination de la classe médiane.

Établissons un tableau comprenant les modalités, les effectifs ou fréquences absolues et les fréquences cumulées absolues ascendantes ($N(x)$).

Modalités ou classes	Effectifs ou fréquences absolues n_i	$N(x)$
[0, 10[	18	18
[10, 20[	44	62
[20, 30[	68	130
[30, 40[	54	184
[40, 50[	42	226
[50, 60[	62	288 ↓
	$n = 288$	« moins de »

La population comprend 288 individus. La classe médiane est la classe de valeurs de la variable (tranches d'âge) contenant la médiane.

La médiane est la valeur de la variable qui partage ces 288 individus en deux sous-ensembles de 144.

Nous recherchons donc dans la colonne $N(x)$ le nombre 144.

Or ce nombre apparaît entre deux lignes du tableau : la classe [20, 30[et la classe [30, 40[.

Par convention, nous retiendrons comme classe médiane, la classe [30, 40[.

Au total, la classe médiane est : $I = [30, 40[$.

- 2e étape : détermination de la médiane par interpolation linéaire.

Soit I la classe médiane. Posons $I = [C_i, C_{i+1}[$.

Soient a_i l'amplitude de la classe médiane, f_i la fréquence relative correspondante et $F(x_{i-1})$ la valeur de la fréquence cumulée relative ascendante de la classe $[C_{i-1}, C_i[$.

Nous savons, en faisant l'hypothèse d'équirépartition des données, que la médiane nous est donnée par la formule :

$$\boxed{Me = C_i + a_i \cdot \left[\frac{0{,}5 - F(x_{i-1})}{f_i}\right]}.$$

Or nous ne devons pas avoir recours aux fréquences relatives.

Cependant, $F(x_{i-1}) = \dfrac{N(x_{i-1})}{n}$ et $f_i = \dfrac{n_i}{n}$;

dans ces conditions : $Me = C_i + a_i \cdot \left[\dfrac{0{,}5 - N(x_{i-1})/n}{n_i/n}\right]$

ou $$\boxed{Me = C_i + a_i \cdot \left[\frac{0{,}5 \cdot n - N(x_{i-1})}{n_i}\right]}.$$

Application numérique :

$$Me = 30 + 10 \cdot \left[\frac{0{,}5 \cdot 288 - 130}{54}\right] \Rightarrow Me \approx 32{,}592.$$

Au total, la médiane est : $Me \approx 32{,}592$ ans.

☞ EXERCICE n° 25

ÉNONCÉ :

(1) **Définir ce que sont les quantiles.**

(2) **Donner la définition des différents quartiles, déciles et centiles.**

CORRIGÉ :

(1) Définissons ce que sont les quantiles :

Les quantiles sont des caractéristiques de position comme la médiane.

Les quantiles comprennent les quartiles (au nombre de 3), les déciles (au nombre de 9) et les centiles (au nombre de 99).

(2) Donnons la définition des différents quartiles, déciles et centiles :

(a) <u>Les quartiles :</u>

Nous savons que la médiane *Me* est le nombre qui partage la série des valeurs observées en deux séries de même taille.

Si l'on détermine à nouveau la médiane de chacune des deux nouvelles séries obtenues, on obtient le premier et le troisième quartile Q_1 et Q_3.

Il est bon de noter que le second quartile Q_2 correspond à la médiane.

Enfin, que nous soyons dans le cas d'une variable discrète ou dans le cas d'une variable continue, les calculs de détermination des quartiles sont analogues à ceux de la médiane.

(b) <u>Les déciles :</u>

Si les quartiles partagent la série des valeurs observées en quatre sous-ensembles égaux, les déciles la partagent en dix sous-ensembles égaux.

Il est bon de souligner que les différents déciles se notent :

$d_1, d_2, d_3, d_4, d_5, d_6, d_7, d_8$ et d_9.

De plus, d_5 n'est autre que la médiane *Me* et nous avons donc :

$$d_5 = Me = Q_2.$$

Enfin, que nous soyons dans le cas d'une variable discrète ou dans le cas d'une variable continue, les calculs de détermination des déciles sont analogues à ceux de la médiane.

ⓒ <u>Les centiles :</u>

Si les quartiles partagent la série des valeurs observées en quatre sous-ensembles égaux et les déciles en dix sous-ensembles égaux, les centiles la partagent en cent sous-ensembles égaux.

Il est bon de remarquer que les différents centiles se notent : $c_1, c_2, c_3, \ldots, c_{99}$.

De plus :

- c_{50} n'est autre que la médiane *Me* et nous avons donc :

$$c_{50} = Me = Q_2 ;$$

- c_{25} n'est autre que le premier quartile et nous avons donc :

$$c_{25} = Q_1 ;$$

- c_{75} n'est autre que le troisième quartile et nous avons donc :

$$c_{75} = Q_3 .$$

Enfin, que nous soyons dans le cas d'une variable discrète ou dans le cas d'une variable continue, les calculs de détermination des centiles sont analogues à ceux de la médiane.

☞ EXERCICE n° 26

ÉNONCÉ :

Soit une série statistique possédant un nombre impair de termes :

$$\{7, 9, 9, 18, 37, 37, 37, 39, 3, 7, 3\}.$$

Déterminer les quartiles.

CORRIGÉ :

Déterminons les quartiles :

Dans un premier temps, nous rangeons par ordre croissant les nombres de cette série ; d'où on obtient : $\{3, 3, 7, 7, 9, 9, 18, 37, 37, 37, 39\}$.

Dans un second temps, nous déterminons les trois quartiles :

(a) Le second quartile ou médiane :

Nous savons que la médiane *Me* ou second quartile est le nombre qui partage la série des valeurs observées en deux séries de même taille.

D'où on obtient : $\{3, 3, 7, 7, 9, 9, 18, 37, 37, 37, 39\}$.

$$\uparrow$$
$$Q_2 = Me$$

Au total, le second quartile ou médiane est : $Q_2 = Me = 9$.

(b) Le premier quartile Q_1 :

Nous avons ainsi obtenu deux nouvelles séries :

$S_1 = \{3, 3, 7, 7, 9\}$ et $S_2 = \{18, 37, 37, 37, 39\}$.

Le quartile Q_1 correspond à la médiane de la nouvelle série S_1.

D'où on obtient : $\{3, 3, 7, 7, 9\}$.

$$\uparrow$$
$$Q_1$$

Au total, le premier quartile est : $Q_1 = 7$.

(c) Le troisième quartile Q_3 :

Le quartile Q_3 correspond à la médiane de la nouvelle série S_2.

D'où on obtient : $\{18, 37, 37, 37, 39\}$.

$$\uparrow$$
$$Q_3$$

Au total, le troisième quartile est : $Q_3 = 37$.

☞ EXERCICE n° 27

ÉNONCÉ :

Le tableau suivant donne la répartition d'une population en fonction du nombre de titres boursiers qu'ils ont acquis cette année :

Modalités x_i	Effectifs ou fréquences absolues n_i
0	20
10	40
20	30
30	70
40	40

Déterminer les quartiles.

CORRIGÉ :

Déterminons les quartiles :

Dans un premier temps, nous établissons un tableau comprenant les modalités, les effectifs ou fréquences absolues, les fréquences relatives, les fréquences cumulées absolues ascendantes ($N(x)$) et les fréquences cumulées relatives ascendantes ($F(x)$).

Modalités x_i	Effectifs ou fréquences absolues n_i	Fréquences relatives $f_i = \frac{n_i}{n}$	$N(x)$	$F(x)$
0	20	0,1	20	0,1
10	40	0,2	60	0,3
20	30	0,15	90	0,45
30	70	0,35	160	0,8
40	40	0,2	200 ↓	1 ↓
	$n = 200$	1	« moins de »	« moins de »

Dans un second temps, nous déterminons les trois quartiles :

ⓐ <u>Le second quartile ou médiane :</u>

La population comprend 200 individus. La médiane est la valeur de la variable (nombre de titres boursiers) qui partage ces 200 individus en deux sous-ensembles de 100.

Nous recherchons donc dans la colonne $N(x)$ le nombre 100 et dans la colonne $F(x)$ le nombre 0,5.

Or ces deux nombres apparaissent entre deux lignes du tableau : la modalité 20 et la modalité 30.

Par convention, nous retiendrons comme médiane la valeur de la modalité : 30.

Au total, le second quartile ou médiane est :

$Q_2 = Me = 30$ titres boursiers.

ⓑ <u>Le premier quartile Q_1</u> :

La population comprend 200 individus. Le premier quartile est la valeur de la variable (nombre de titres boursiers) qui partage les 100 premiers individus en deux sous-ensembles de 50.

Nous recherchons donc dans la colonne $N(x)$ le nombre 50 et dans la colonne $F(x)$ le nombre 0,25.

Or ces deux nombres apparaissent entre deux lignes du tableau : la modalité 0 et la modalité 10.

Par convention, nous retiendrons comme premier quartile Q_1 la valeur de la modalité : 10.

Au total, le premier quartile est : $Q_1 = 10$ titres boursiers.

(c) Le troisième quartile Q_3 :

La population comprend 200 individus. Le troisième quartile est la valeur de la variable (nombre de titres boursiers) qui partage les 100 derniers individus en deux sous-ensembles de 50.

Nous recherchons donc dans la colonne $N(x)$ le nombre 150 et dans la colonne $F(x)$ le nombre 0,75.

Or ces deux nombres apparaissent entre deux lignes du tableau : la modalité 20 et la modalité 30.

Par convention, nous retiendrons comme troisième quartile Q_3 la valeur de la modalité : 30.

Au total, le troisième quartile est : $Q_3 = 30$ titres boursiers.

☞ EXERCICE n° 28

ÉNONCÉ :

Dans une librairie, 180 auteurs ont été répartis suivant le nombre de manuels qu'ils ont écrits :

Nombre de manuels écrits	Effectifs
1	54
2	36
3	27
4	45
5	9
6	0
7	9

Déterminer les quartiles.

CORRIGÉ :

Déterminons les quartiles :

Dans un premier temps, nous établissons un tableau comprenant les modalités, les effectifs ou fréquences absolues, les fréquences relatives, les fréquences cumulées absolues ascendantes ($N(x)$) et les fréquences cumulées relatives ascendantes ($F(x)$).

Modalités x_i	Effectifs ou fréquences absolues n_i	Fréquences relatives $f_i = \frac{n_i}{n}$	$N(x)$	$F(x)$
1	54	0,3	54	0,3
2	36	0,2	90	0,5
3	27	0,15	117	0,65
4	45	0,25	162	0,9
5	9	0,05	171	0,95
6	0	0	171	0,95
7	9	0,05	180 ↓	1 ↓
	$n = 180$	1	« moins de »	« moins de »

Dans un second temps, nous déterminons les trois quartiles :

(a) Le second quartile ou médiane :

La population comprend 180 individus. La médiane est la valeur de la variable (nombre de manuels écrits) qui partage ces 180 individus en deux sous-ensembles de 90.

Nous recherchons donc dans la colonne $N(x)$ le nombre 90 et dans la colonne $F(x)$ le nombre 0,5.

Or ces deux nombres apparaissent sur la ligne du tableau : modalité 2.

Au total, le second quartile ou médiane est :

$Q_2 = Me = 2$ manuels.

(b) Le premier quartile Q_1 :

La population comprend 180 individus. Le premier quartile est la valeur de la variable (nombre de manuels écrits) qui partage les 90 premiers individus en deux sous-ensembles de 45.
Nous recherchons donc dans la colonne $N(x)$ le nombre 45 et dans la colonne $F(x)$ le nombre 0,25.
Or ces deux nombres sont « compris » dans la modalité 1.

Au total, le premier quartile est : $Q_1 = 1$ manuel.

(c) Le troisième quartile Q_3 :

La population comprend 180 individus. Le troisième quartile est la valeur de la variable (nombre de manuels écrits) qui partage les 90 derniers individus en deux sous-ensembles de 45.
Nous recherchons donc dans la colonne $N(x)$ le nombre 135 et dans la colonne $F(x)$ le nombre 0,75.
Or ces deux nombres apparaissent entre deux lignes du tableau : la modalité 3 et la modalité 4.
Par convention, nous retiendrons comme troisième quartile Q_3 la valeur de la modalité : 4.

Au total, le troisième quartile est : $Q_3 = 4$ manuels.

☞ EXERCICE n° 29

ÉNONCÉ :

Soit la distribution statistique de 200 entreprises selon leur bénéfice :

Bénéfice (10^6 F)	Nombre d'entreprises
[0, 1[	30
[1, 2[	4
[2, 4[	24
[4,7[	70
[7, 9[	72

1. **Déterminer les quartiles : Q_1 et Q_3.**

2. **Calculer les déciles : d_3 et d_7.**

CORRIGÉ :

1. **Déterminons les quartiles Q_1 et Q_3 :**

Dans un premier temps, nous établissons un tableau comprenant les modalités, les effectifs ou fréquences absolues, les fréquences relatives, les fréquences cumulées absolues ascendantes ($N(x)$) et les fréquences cumulées relatives ascendantes ($F(x)$).

Modalités ou classes	Effectifs ou fréquences absolues n_i	Fréquences relatives $f_i = \frac{n_i}{n}$	$N(x)$	$F(x)$
[0, 1[	30	0,15	30	0,15
[1, 2[	4	0,02	34	0,17
[2, 4[	24	0,12	58	0,29
[4, 7[	70	0,35	128	0,64
[7, 9[	72	0,36	200 ↓	1 ↓
	$n = 200$	1	« moins de »	« moins de »

Dans un second temps, nous déterminons Q_1 et Q_3.

a) <u>Le premier quartile Q_1 :</u>

La population comprend 200 entreprises. Le premier quartile est la valeur de la variable (bénéfice en 10^6 F) qui correspond à la 50e entreprise.

Nous recherchons donc dans la colonne $N(x)$ le nombre 50 et dans la colonne $F(x)$ le nombre 0,25.

Or ces deux nombres apparaissent entre deux lignes du tableau : la classe [1, 2[et la classe [2, 4[.

Par convention, nous retiendrons comme classe qui contient Q_1, la classe $[2, 4[$.

Soit I cette classe. Posons $I = [C_i, C_{i+1}[$.

Soient a_i l'amplitude de cette classe, f_i la fréquence relative correspondante et $F(x_{i-1})$ la valeur de la fréquence cumulée relative ascendante de la classe $[C_{i-1}, C_i[$.

En faisant l'hypothèse d'équirépartition des données, nous savons que, par interpolation linéaire, Q_1 nous est donné par la formule :

$$\boxed{Q_1 = C_i + a_i \cdot \left[\frac{0{,}25 - F(x_{i-1})}{f_i}\right]}.$$

Application numérique :

$$Q_1 = 2 + 2 \cdot \left[\frac{0{,}25 - 0{,}17}{0{,}12}\right] \Rightarrow Q_1 \approx 3{,}33.$$

Au total, le premier quartile est : $Q_1 \approx 3{,}33 \cdot 10^6$ F.

(b) Le troisième quartile Q_3 :

La population comprend 200 entreprises. Le troisième quartile est la valeur de la variable (bénéfice en 10^6 F) qui correspond à la 150e entreprise.

Nous recherchons donc dans la colonne $N(x)$ le nombre 150 et dans la colonne $F(x)$ le nombre 0,75.

Or ces deux nombres apparaissent entre deux lignes du tableau : la classe $[4, 7[$ et la classe $[7, 9[$.

Par convention, nous retiendrons comme classe qui contient Q_3, la classe $[7, 9[$.

Soit I cette classe. Posons $I = [C_i, C_{i+1}[$.

Soient a_i l'amplitude de cette classe, f_i la fréquence relative correspondante et $F(x_{i-1})$ la valeur de la fréquence cumulée relative ascendante de la classe $[C_{i-1}, C_i[$.

En faisant l'hypothèse d'équirépartition des données, nous savons que, par interpolation linéaire, Q_3 nous est donné par la formule :

$$Q_3 = C_i + a_i \cdot \left[\frac{0{,}75 - F(x_{i-1})}{f_i}\right].$$

Application numérique :

$$Q_3 = 7 + 2 \cdot \left[\frac{0{,}75 - 0{,}64}{0{,}36}\right] \Rightarrow Q_3 \approx 7{,}611.$$

Au total, le troisième quartile est : $Q_3 \approx 7{,}611 \cdot 10^6$ F.

En conclusion, il est bon de souligner que :

- comme $Q_1 \approx 3{,}33 \cdot 10^6$ F, cela signifie que 25 % des entreprises ont moins de $3{,}33 \cdot 10^6$ F de bénéfice, ou 75 % des entreprises ont plus de $3{,}33 \cdot 10^6$ F de bénéfice;
- comme $Q_3 \approx 7{,}611 \cdot 10^6$ F, cela signifie que 75 % des entreprises ont moins de $7{,}611 \cdot 10^6$ F de bénéfice, ou 25 % des entreprises ont plus de $7{,}611 \cdot 10^6$ F de bénéfice.

(2) Calculons les déciles d_3 et d_7 :

(a) Le troisième décile d_3 :

La population comprend 200 entreprises. Le troisième décile d_3 est la valeur de la variable (bénéfice en 10^6 F) qui correspond à la 60e entreprise ($0{,}3 \times 200$).

Nous recherchons donc dans la colonne $N(x)$ le nombre 60 et dans la colonne $F(x)$ le nombre 0,3.

Or ces deux nombres apparaissent entre deux lignes du tableau : la classe $[2, 4[$ et la classe $[4, 7[$.

Par convention, nous retiendrons comme classe qui contient d_3, la classe $[4, 7[$.

Soit I cette classe. Posons $I = [C_i, C_{i+1}[$.

Soient a_i l'amplitude de cette classe, f_i la fréquence relative correspondante et $F(x_{i-1})$ la valeur de la fréquence cumulée relative ascendante de la classe $[C_{i-1}, C_i[$.

En faisant l'hypothèse d'équirépartition des données, nous savons que, par interpolation linéaire, d_3 nous est donné par la formule :

$$\boxed{d_3 = C_i + a_i \cdot \left[\frac{0{,}3 - F(x_{i-1})}{f_i}\right]}.$$

Application numérique :

$$d_3 = 4 + 3 \cdot \left[\frac{0{,}3 - 0{,}29}{0{,}35}\right] \Rightarrow d_3 \approx 4{,}085.$$

Au total, le troisième décile est : $d_3 \approx 4{,}085 \cdot 10^6$ F.

(b) Le septième décile d_7 :

La population comprend 200 entreprises. Le septième décile d_7 est la valeur de la variable (bénéfice en 10^6 F) qui correspond à la 140e entreprise $(0{,}7 \times 200)$.

Nous recherchons donc dans la colonne $N(x)$ le nombre 140 et dans la colonne $F(x)$ le nombre 0,7.

Or ces deux nombres apparaissent entre deux lignes du tableau : la classe $[4, 7[$ et la classe $[7, 9[$.

Par convention, nous retiendrons comme classe qui contient d_7, la classe $[7, 9[$.

Soit I cette classe. Posons $I = [C_i, C_{i+1}[$.

Soient a_i l'amplitude de cette classe, f_i la fréquence relative correspondante et $F(x_{i-1})$ la valeur de la fréquence cumulée relative ascendante de la classe $[C_{i-1}, C_i[$.

En faisant l'hypothèse d'équirépartition des données, nous savons que, par interpolation linéaire, d_7 nous est donné par la formule :

$$\boxed{d_7 = C_i + a_i \cdot \left[\frac{0{,}7 - F(x_{i-1})}{f_i}\right]}.$$

Application numérique :

$$d_7 = 7 + 2 \cdot \left[\frac{0{,}7 - 0{,}64}{0{,}36}\right] \Rightarrow d_7 \approx 7{,}333.$$

Au total, le septième décile est : $d_7 \approx 7{,}333 \cdot 10^6$ F.

En conclusion, il est bon de souligner que :

- comme $d_3 \approx 4{,}085 \cdot 10^6$ F, cela signifie que 30 % des entreprises ont moins de $4{,}085 \cdot 10^6$ F de bénéfice, ou 70 % des entreprises ont plus de $4{,}085 \cdot 10^6$ F de bénéfice ;
- comme $d_7 \approx 7{,}333 \cdot 10^6$ F, cela signifie que 70 % des entreprises ont moins de $7{,}333 \cdot 10^6$ F de bénéfice, ou 30 % des entreprises ont plus de $7{,}333 \cdot 10^6$ F de bénéfice.

☞ EXERCICE n° 30

ÉNONCÉ :

Définir les moyennes suivantes : la moyenne arithmétique, la moyenne géométrique, la moyenne harmonique et la moyenne quadratique.

CORRIGÉ :

Définissons la moyenne arithmétique, la moyenne géométrique, la moyenne harmonique et la moyenne quadratique :

(a) La moyenne arithmétique :

Nous devons distinguer quatre cas :

- Soit une série statistique $\{x_1, \ldots, x_n\}$, la moyenne arithmétique de cette série est :

$$\bar{x} = \frac{\sum_{i=1}^{n} x_i}{n}.$$

Il est bon de noter que n est le nombre de termes de la série.

- Soit une série statistique $\{x_1, \ldots, x_n\}$ dans laquelle les x_i sont affectés d'une pondération différente, la moyenne arithmétique pondérée de cette série est :

$$\boxed{\bar{x} = \frac{\sum_{i=1}^{n} \alpha_i x_i}{\sum_{i=1}^{n} \alpha_i}} \quad \text{ou} \quad \boxed{\bar{x} = \sum_{i=1}^{n} f_i x_i}.$$

Il est bon de noter que n est le nombre de termes de la série, les α_i sont les différentes pondérations associées aux x_i et $f_i = \frac{\alpha_i}{\sum_{i=1}^{n} \alpha_i}$.

- Soit une distribution statistique d'une variable discrète :

Modalités x_i	Effectifs ou fréquences absolues n_i	Fréquences relatives $f_i = \frac{n_i}{n}$
x_1	n_1	f_1
x_2	n_2	f_2
x_3	n_3	f_3
⋮	⋮	⋮
x_n	n_n	f_n
	n	1

Dans ce cas, la moyenne arithmétique est :

$$\boxed{\bar{x} = \frac{\sum_{i=1}^{n} n_i x_i}{n}} \quad \text{ou} \quad \boxed{\bar{x} = \sum_{i=1}^{n} f_i x_i}.$$

- Soit une distribution statistique d'une variable continue :

Modalités ou classes $[C_i, C_{i+1}[$	Effectifs ou fréquences absolues n_i	Fréquences relatives $f_i = \frac{n_i}{n}$	Centres des classes x_i
$[C_1, C_2[$	n_1	f_1	x_1
$[C_2, C_3[$	n_2	f_2	x_2
$[C_3, C_4[$	n_3	f_3	x_3
⋮	⋮	⋮	⋮
$[C_n, C_{n+1}[$	n_n	f_n	x_n
	n	1	

Dans ce cas, la moyenne arithmétique est :

$$\boxed{\bar{x} = \frac{\sum_{i=1}^{n} n_i x_i}{n}} \quad \text{ou} \quad \boxed{\bar{x} = \sum_{i=1}^{n} f_i x_i}.$$

ⓑ La moyenne géométrique :

Nous devons distinguer quatre cas :

- Soit une série statistique $\{x_1, \ldots, x_n\}$, la moyenne géométrique de cette série est :

$$\boxed{G = \sqrt[n]{x_1 \times x_2 \times x_3 \times \ldots \times x_n}}$$

ou $$\boxed{G = (x_1 \times x_2 \times x_3 \times \ldots \times x_n)^{1/n}}.$$

Il est bon de noter que n est le nombre de termes de la série.

- Soit une série statistique $\{x_1, \ldots, x_n\}$ dans laquelle les x_i sont affectés d'une pondération différente, la moyenne géométrique pondérée de cette série est :

$$\boxed{G = (x_1^{\alpha_1} \times x_2^{\alpha_2} \times x_3^{\alpha_3} \times \ldots \times x_n^{\alpha_n})^{1/\sum_{i=1}^{n} \alpha_i}}$$

ou $$G = x_1^{f_1} \times x_2^{f_2} \times x_3^{f_3} \times \ldots \times x_n^{f_n}.$$

Il est bon de noter que n est le nombre de termes de la série, les α_i sont les différentes pondérations associées aux x_i et $f_i = \dfrac{\alpha_i}{\sum_{i=1}^{n} \alpha_i}$.

- Soit une distribution statistique d'une variable discrète :

Modalités x_i	Effectifs ou fréquences absolues n_i	Fréquences relatives $f_i = \dfrac{n_i}{n}$
x_1	n_1	f_1
x_2	n_2	f_2
x_3	n_3	f_3
$\vdots$	$\vdots$	$\vdots$
x_n	n_n	f_n
	n	1

Dans ce cas, la moyenne géométrique est :

$$G = (x_1^{n_1} \times x_2^{n_2} \times x_3^{n_3} \times \ldots \times x_n^{n_n})^{1/n}$$

ou $$G = x_1^{f_1} \times x_2^{f_2} \times x_3^{f_3} \times \ldots \times x_n^{f_n}.$$

- Soit une distribution statistique d'une variable continue :

Modalités ou classes $[C_i, C_{i+1}[$	Effectifs ou fréquences absolues n_i	Fréquences relatives $f_i = \frac{n_i}{n}$	Centres des classes x_i
$[C_1, C_2[$	n_1	f_1	x_1
$[C_2, C_3[$	n_2	f_2	x_2
$[C_3, C_4[$	n_3	f_3	x_3
⋮	⋮	⋮	⋮
$[C_n, C_{n+1}[$	n_n	f_n	x_n
	n	1	

Dans ce cas, la moyenne géométrique est :

$$G = (x_1^{n_1} \times x_2^{n_2} \times x_3^{n_3} \times \ldots \times x_n^{n_n})^{1/n}$$

ou

$$G = x_1^{f_1} \times x_2^{f_2} \times x_3^{f_3} \times \ldots \times x_n^{f_n}.$$

c) La moyenne harmonique :

Nous devons distinguer quatre cas :

- Soit une série statistique $\{x_1, \ldots, x_n\}$, la moyenne harmonique de cette série est :

$$H = \frac{n}{\sum_{i=1}^{n} \left(\frac{1}{x_i}\right)}.$$

Il est bon de noter que n est le nombre de termes de la série.

- Soit une série statistique $\{x_1, \ldots, x_n\}$, dans laquelle les x_i sont affectés d'une pondération différente, la moyenne harmonique pondérée de cette série est :

$$H = \frac{\sum_{i=1}^{n} \alpha_i}{\sum_{i=1}^{n} \left(\frac{\alpha_i}{x_i}\right)}$$

ou $$H = \frac{1}{\sum_{i=1}^{n} \left(\frac{f_i}{x_i}\right)}.$$

Il est bon de noter que n est le nombre de termes de la série, les α_i sont les différentes pondérations associées aux x_i et $f_i = \frac{\alpha_i}{\sum_{i=1}^{n} \alpha_i}$.

- Soit une distribution statistique d'une variable discrète :

Modalités x_i	Effectifs ou fréquences absolues n_i	Fréquences relatives $f_i = \frac{n_i}{n}$
x_1	n_1	f_1
x_2	n_2	f_2
x_3	n_3	f_3
⋮	⋮	⋮
x_n	n_n	f_n
	n	1

Dans ce cas, la moyenne harmonique est :

$$H = \frac{n}{\sum_{i=1}^{n} \left(\frac{n_i}{x_i}\right)}$$

ou $$H = \frac{1}{\sum_{i=1}^{n} \left(\frac{f_i}{x_i}\right)}.$$

- Soit une distribution statistique d'une variable continue :

Modalités ou classes $[C_i, C_{i+1}[$	Effectifs ou fréquences absolues n_i	Fréquences relatives $f_i = \frac{n_i}{n}$	Centres des classes x_i
$[C_1, C_2[$	n_1	f_1	x_1
$[C_2, C_3[$	n_2	f_2	x_2
$[C_3, C_4[$	n_3	f_3	x_3
⋮	⋮	⋮	⋮
$[C_n, C_{n+1}[$	n_n	f_n	x_n
	n	1	

Dans ce cas, la moyenne harmonique est :

$$H = \frac{n}{\sum_{i=1}^{n} \left(\frac{n_i}{x_i}\right)}$$

ou

$$H = \frac{1}{\sum_{i=1}^{n} \left(\frac{f_i}{x_i}\right)}.$$

(d) La moyenne quadratique :

Nous devons distinguer quatre cas :

- Soit une série statistique $\{x_1, \ldots, x_n\}$, la moyenne quadratique de cette série est :

$$Q = \left(\frac{\sum_{i=1}^{n} x_i^2}{n}\right)^{1/2}.$$

Il est bon de noter que n est le nombre de termes de la série.

- Soit une série statistique $\{x_1, \ldots, x_n\}$, dans laquelle les x_i sont affectés d'une pondération différente, la moyenne quadratique pondérée de cette série est :

$$\boxed{Q = \left(\frac{\sum_{i=1}^{n} \alpha_i x_i^2}{\sum_{i=1}^{n} \alpha_i}\right)^{1/2}}$$

ou
$$\boxed{Q = \left(\sum_{i=1}^{n} f_i x_i^2\right)^{1/2}}.$$

Il est bon de noter que n est le nombre de termes de la série, les α_i sont les différentes pondérations associées aux x_i et $f_i = \frac{\alpha_i}{\sum_{i=1}^{n} \alpha_i}$.

- Soit une distribution statistique d'une variable discrète :

Modalités x_i	Effectifs ou fréquences absolues n_i	Fréquences relatives $f_i = \frac{n_i}{n}$
x_1	n_1	f_1
x_2	n_2	f_2
x_3	n_3	f_3
$\vdots$	$\vdots$	$\vdots$
x_n	n_n	f_n
	n	1

Dans ce cas, la moyenne quadratique est :

$$Q = \left(\frac{\sum_{i=1}^{n} n_i x_i^2}{n} \right)^{1/2}$$

ou

$$Q = \left(\sum_{i=1}^{n} f_i x_i^2 \right)^{1/2}.$$

- Soit une distribution statistique d'une variable continue :

Modalités ou classes $[C_i, C_{i+1}[$	Effectifs ou fréquences absolues n_i	Fréquences relatives $f_i = \frac{n_i}{n}$	Centres des classes x_i
$[C_1, C_2[$	n_1	f_1	x_1
$[C_2, C_3[$	n_2	f_2	x_2
$[C_3, C_4[$	n_3	f_3	x_3
⋮	⋮	⋮	⋮
$[C_n, C_{n+1}[$	n_n	f_n	x_n
	n	1	

Dans ce cas, la moyenne quadratique est :

$$Q = \left(\frac{\sum_{i=1}^{n} n_i x_i^2}{n} \right)^{1/2}$$

ou

$$Q = \left(\sum_{i=1}^{n} f_i x_i^2 \right)^{1/2}.$$

En définitive, il est bon de préciser que :

$$H < G < \bar{x} < Q.$$

☞ EXERCICE n° 31

ÉNONCÉ :

(1) **Rappeler la formule de la moyenne d'ordre « *r* » ou moyenne généralisée.**

(2) **Pour quelle valeur de « *r* » obtient-on la moyenne arithmétique, la moyenne géométrique, la moyenne harmonique et la moyenne quadratique?**

CORRIGÉ :

(1) **Rappelons la formule de la moyenne d'ordre « *r* » ou moyenne généralisée :**

Nous savons que la formule de la moyenne pondérée d'ordre « *r* » s'écrit :

$$\mathcal{M}_r = \left[\frac{\sum_{i=1}^{n} n_i x_i^r}{n}\right]^{1/r},$$

avec : • $n = \sum_{i=1}^{n} n_i$;

• les x_i sont les centres des classes si nous sommes en présence d'une distribution statistique d'une variable continue.

(2) **Déterminons la valeur de « *r* » pour laquelle nous obtenons la moyenne arithmétique, la moyenne géométrique, la moyenne harmonique et la moyenne quadratique :**

(a) <u>Si $r = 1$:</u>

Dans ce cas, nous obtenons la moyenne arithmétique.

(b) Si $r = 2$:

Dans ce cas, nous obtenons la moyenne quadratique.

(c) Si $r = -1$:

Dans ce cas, nous obtenons la moyenne harmonique.

(d) Si $r = \varepsilon$, ε étant un nombre positif très faible :

Dans ce cas, nous obtenons la moyenne géométrique.

Au total : $\boxed{\mathcal{M}_1 = \bar{x}, \quad \mathcal{M}_2 = Q, \quad \mathcal{M}_{-1} = H \quad \text{et} \quad \mathcal{M}_\varepsilon = G}$.

☞ EXERCICE n° 32

ÉNONCÉ :

(1) **Rappeler la relation empirique entre la moyenne arithmétique, la médiane et le mode.**

(2) **En déduire la valeur de la médiane à partir de la série statistique suivante, sachant que le mode est $M_0 = 40$:**

Modalités ou classes	Effectifs ou fréquences absolues n_i
[5, 15[	1
[15, 25[	2
[25, 35[	3
[35, 45[	6
[45, 55[	5
[55, 65[	4
[65, 75[	3
[75, 85[	2
[85, 95[	1

CORRIGÉ :

(1) **Rappelons la relation empirique entre la moyenne arithmétique, la médiane et le mode :**

Nous savons que pour les courbes unimodales, modérément asymétriques (à droite ou à gauche), il existe entre la moyenne arithmétique $\bar{x}$, la médiane *Me* et le mode M_0, la relation empirique suivante :

$$\boxed{\bar{x} - M_0 = 3(\bar{x} - Me)}\,.$$

De plus, il est bon de noter que lorsque nous sommes en présence de courbes symétriques, nous avons : $\bar{x} = Me = M_0$.

(2) **Déduisons la valeur de la médiane sachant que la valeur du mode est $M_0 = 40$:**

(a) Calculons la moyenne arithmétique $\bar{x}$:

Nous savons que dans le cas d'une variable continue, la moyenne arithmétique nous est donnée par la formule :

$$\boxed{\bar{x} = \frac{\sum_{i=1}^{n} n_i x_i}{n}}\,,$$

les x_i étant les centres des classes.

D'où le tableau suivant :

Modalités ou classes	Effectifs ou fréquences absolues n_i	Centres des classes x_i	$n_i \cdot x_i$
[5, 15[	1	10	10
[15, 25[	2	20	40
[25, 35[	3	30	90
[35, 45[	6	40	240
[45, 55[	5	50	250
[55, 65[	4	60	240
[65, 75[	3	70	210
[75, 85[	2	80	160
[85, 95[	1	90	90
	$n = 27$		$\sum_{i=1}^{n} n_i x_i = 1\,330$

Application numérique :

Nous obtenons : $\bar{x} = \dfrac{1\,330}{27} \Rightarrow \bar{x} \approx 49{,}26.$

(b) Déduisons la valeur de la médiane :

Nous savons que la relation empirique entre la moyenne arithmétique, le mode et la médiane s'écrit :

$$\boxed{\bar{x} - M_0 = 3(\bar{x} - Me)} \qquad (1)$$

$$(1) \Rightarrow \boxed{Me = \frac{2\bar{x} + M_0}{3}}.$$

Application numérique :

Nous obtenons : $Me = \dfrac{2 \times 49{,}26 + 40}{3} \Rightarrow Me \approx 46{,}173.$

Au total, la valeur de la médiane est : $Me \approx 46{,}173.$

III
LES CARACTÉRISTIQUES DE DISPERSION

L'étendue ou intervalle de variation ou range d'une série – L'étendue interquartile ou intervalle interquartile – L'intervalle semi-interquartile ou déviation quartile – L'intervalle interquartile relatif ou écart interquartile relatif – L'intervalle interdécile – L'intervalle interdécile relatif ou écart interdécile relatif – L'intervalle intercentile – L'intervalle intercentile relatif ou écart intercentile relatif – L'écart absolu moyen par rapport à la moyenne arithmétique – L'écart absolu moyen par rapport à la médiane – La variance – L'écart type – Le coefficient de variation ou coefficient de dispersion – Les moments simples d'ordre « *r* » – Les moments centrés d'ordre « *r* » – Le théorème de Koenigs – La correction de Sheppard.

☞ EXERCICE n° 33

ÉNONCÉ :

(1) **Définir la notion d'étendue ou intervalle de variation ou range d'une série.**

(2) **Soit la série statistique possédant un nombre impair de termes :**

{7, 9, 9, 18, 37, 37, 37, 39, 3, 7, 3},

déterminer l'étendue.

(3) **Soit la série statistique possédant un nombre pair de termes :**

{27, 15, 3, 7, 7, 37, 6, 69},

déterminer le range.

CORRIGÉ :

(1) **Définissons la notion d'étendue ou intervalle de variation ou range d'une série :**

L'étendue ou intervalle de variation ou range est la différence entre la plus grande et la plus petite des valeurs observées.

C'est donc la différence entre les deux valeurs extrêmes.

(2) **Déterminons l'étendue de la série statistique {7, 9, 9, 18, 37, 37, 37, 39, 3, 7, 3} :**

Dans un premier temps, nous rangeons par ordre croissant les nombres de cette série; d'où on obtient :

$$\{3, 3, 7, 7, 9, 9, 18, 37, 37, 37, 39\}.$$

Dans un second temps, nous déterminons l'étendue :

$$\text{Étendue} = 39 - 3 \Rightarrow \text{Étendue} = 36.$$

(3) **Déterminons le range de la série statistique {27, 15, 3, 7, 7, 37, 6, 69} :**

Dans un premier temps, nous rangeons par ordre croissant les nombres de cette série; d'où on obtient : {3, 6, 7, 7, 15, 27, 37, 69}.

Dans un second temps, nous déterminons le range :

$$\text{Range} = 69 - 3 \Rightarrow \text{Range} = 66.$$

☞ EXERCICE n° 34

ÉNONCÉ :

Le tableau suivant donne la répartition d'une population en fonction du nombre de titres boursiers qu'ils ont acquis cette année :

Modalités x_i	Effectifs ou fréquences absolues n_i
0	20
10	40
20	30
30	70
40	40

Déterminer l'intervalle de variation.

CORRIGÉ :

Déterminons l'intervalle de variation :

Nous savons que l'intervalle de variation est la différence entre la plus grande et la plus petite des valeurs observées.

C'est donc la différence entre les deux valeurs extrêmes.

Dans ces conditions, l'intervalle de variation est :

Intervalle de variation = 40 - 0 $\Rightarrow$ Intervalle de variation = 40.

☞ EXERCICE n° 35

ÉNONCÉ :

Soit la distribution statistique de 200 entreprises selon leur bénéfice :

Bénéfice (10^6 F)	Nombre d'entreprises
[0, 1[	30
[1, 2[	4
[2, 4[	24
[4, 7[	70
[7, 9[	72

Déterminer l'intervalle de variation.

CORRIGÉ :

Déterminons l'intervalle de variation :

Nous savons que l'intervalle de variation est la différence entre la plus grande et la plus petite des valeurs observées.

C'est donc la différence entre les deux valeurs extrêmes.

Il est bon de noter que dans le cas d'un caractère quantitatif continu, l'intervalle de variation est égal à la différence entre la borne supérieure de la dernière classe et la borne inférieure de la première classe.

Dans ces conditions, l'intervalle de variation est :

$$\text{Intervalle de variation} = 9 - 0 \Rightarrow \text{Intervalle de variation} = 9.$$

☞ EXERCICE n° 36

ÉNONCÉ :

Soit la série statistique suivante :

Modalités ou classes	**Effectifs ou fréquences absolues n_i**
[5, 15[	**1**
[15, 25[	**2**
[25, 35[	**3**
[35, 45[	**6**
[45, 55[	**5**
[55, 65[	**4**
[65, 75[	**3**
[75, 85[	**2**
[85, 95[	**1**

Déterminer l'intervalle de variation.

CORRIGÉ :

Déterminons l'intervalle de variation :

Nous savons que l'intervalle de variation est la différence entre la plus grande et la plus petite des valeurs observées.

C'est donc la différence entre les deux valeurs extrêmes.

Il est bon de noter que dans le cas d'un caractère quantitatif continu, l'intervalle de variation est égal à la différence entre la borne supérieure de la dernière classe et la borne inférieure de la première classe.

Dans ces conditions, l'intervalle de variation est :

$$\text{Intervalle de variation} = 95 - 5 \Rightarrow \text{Intervalle de variation} = 90.$$

☞ EXERCICE n° 37

ÉNONCÉ :

① **Définir la notion d'étendue interquartile ou intervalle interquartile.**

② **Donner la définition de l'intervalle semi-interquartile ou déviation quartile.**

③ **Définir ce qu'est l'intervalle interquartile relatif ou écart interquartile relatif.**

CORRIGÉ :

① **Définissons la notion d'étendue interquartile ou intervalle interquartile :**

L'intervalle interquartile ou étendue interquartile $[Q_3, Q_1]$ contient 50 % des observations.

Son amplitude, notée *EIQ* (Étendue InterQuartile), est un indicateur de dispersion et nous est donnée par la formule :

$$\boxed{EIQ = Q_3 - Q_1}.$$

Il est bon de noter que le calcul de l'étendue interquartile a l'avantage par rapport à celui de l'étendue d'écarter les valeurs extrêmes, souvent sans signification.

Enfin, plus l'intervalle est important, plus la dispersion est forte.

② **Donnons la définition de l'intervalle semi-interquartile ou déviation quartile :**

L'intervalle semi-interquartile ou déviation quartile d'un ensemble de données est défini par :

$$\boxed{\text{Intervalle semi-interquartile} = \frac{Q_3 - Q_1}{2}}.$$

③ **Définissons ce qu'est l'intervalle interquartile relatif ou écart interquartile relatif :**

L'intervalle interquartile relatif ou écart interquartile relatif nous est donné par la formule :

$$\boxed{\text{Intervalle interquartile relatif} = \frac{Q_3 - Q_1}{Q_2}}.$$

☞ EXERCICE n° 38

ÉNONCÉ :

① **Définir les notions d'intervalle interdécile et d'intervalle interdécile relatif ou écart interdécile relatif.**

② **Donner la définition de l'intervalle intercentile et celle de l'intervalle intercentile relatif ou écart intercentile relatif.**

CORRIGÉ :

① **Définissons les notions d'intervalle interdécile et d'intervalle interdécile relatif ou écart interdécile relatif :**

- L'intervalle interdécile $[d_9, d_1]$ contient 80 % des observations.

Son amplitude est un indicateur de dispersion et nous est donnée par la formule :

$$\boxed{\text{Intervalle interdécile} = d_9 - d_1}.$$

Il est bon de noter que plus cet intervalle est important, plus la dispersion est forte.

- L'intervalle interdécile relatif ou écart interdécile relatif nous est donné par la formule :

$$\boxed{\text{Intervalle interdécile relatif} = \frac{d_9 - d_1}{d_5}}.$$

② Donnons la définition de l'intervalle intercentile et celle de l'intervalle intercentile relatif ou écart intercentile relatif :

- L'intervalle intercentile $[c_{99}, c_1]$ contient 98 % des observations.

Son amplitude est un indicateur de dispersion et nous est donnée par la formule :

$$\boxed{\text{Intervalle intercentile } = c_{99} - c_1}.$$

Il est bon de noter que plus cet intervalle est important, plus la dispersion est forte.

- L'intervalle intercentile relatif ou écart intercentile relatif nous est donné par la formule :

$$\boxed{\text{Intervalle intercentile relatif } = \frac{c_{99} - c_1}{c_{50}}}.$$

En définitive, il est bon de remarquer que :

$\boxed{Q_2 = d_5 = c_{50} = Me}$, *Me* étant la médiane.

☞ EXERCICE n° 39

ÉNONCÉ :

Soit la série statistique, de l'exercice n° 26, possédant un nombre impair de termes : {7, 9, 9, 18, 37, 37, 37, 39, 3, 7, 3}.
Dans cet exercice on a calculé Q_1, Q_2 et Q_3 : $Q_1 = 7$, $Q_2 = 9$ et $Q_3 = 37$.

① Calculer l'étendue interquartile ou intervalle interquartile.

② En déduire l'intervalle semi-interquartile ou déviation quartile.

③ Déterminer l'intervalle interquartile relatif ou écart interquartile relatif.

CORRIGÉ :

(1) **Calculons l'étendue interquartile ou intervalle interquartile :**

Nous savons que l'intervalle interquartile ou étendue interquartile $[Q_3, Q_1]$ contient 50 % des observations.

Son amplitude, notée *EIQ* (Étendue InterQuartile), est un indicateur de dispersion et nous est donnée par la formule :

$$\boxed{EIQ = Q_3 - Q_1}.$$

Il est bon de noter que le calcul de l'étendue interquartile a l'avantage par rapport à celui de l'étendue d'écarter les valeurs extrêmes, souvent sans signification.

Enfin, plus l'intervalle est important, plus la dispersion est forte.

***Application numérique* :**

L'étendue interquartile est :

$$EIQ = 37 - 7 \Rightarrow EIQ = 30.$$

(2) **Déduisons l'intervalle semi-interquartile ou déviation quartile :**

L'intervalle semi-interquartile ou déviation quartile d'un ensemble de données est défini par :

$$\boxed{\text{Intervalle semi-interquartile} = \frac{Q_3 - Q_1}{2}}.$$

***Application numérique* :**

L'intervalle semi-interquartile est : Intervalle semi-interquartile = 15.

(3) **Déterminons l'intervalle interquartile relatif ou écart interquartile relatif :**

L'intervalle interquartile relatif ou écart interquartile relatif nous est donné par la formule :

$$\boxed{\text{Intervalle interquartile relatif} = \frac{Q_3 - Q_1}{Q_2}}.$$

***Application numérique* :**

L'intervalle interquartile relatif est :

$$\text{Intervalle interquartile relatif} = \frac{30}{9}$$

$$\Rightarrow \text{Intervalle interquartile relatif} = \frac{10}{3}.$$

☞ EXERCICE n° 40

ÉNONCÉ :

Soit le tableau, de l'exercice n° 27, donnant la répartition d'une population en fonction du nombre de titres boursiers qu'ils ont acquis cette année :

Modalités x_i	Effectifs ou fréquences absolues n_i
0	20
10	40
20	30
30	70
40	40

Dans cet exercice on a calculé Q_1, Q_2 et Q_3 :

Q_1 = 10 titres boursiers, Q_2 = 30 titres boursiers et Q_3 = 30 titres boursiers.

① **Calculer l'étendue interquartile ou intervalle interquartile.**

② **En déduire l'intervalle semi-interquartile ou déviation quartile.**

③ **Déterminer l'intervalle interquartile relatif ou écart interquartile relatif.**

CORRIGÉ :

① **Calculons l'étendue interquartile ou intervalle interquartile :**

Nous savons que l'intervalle interquartile ou étendue interquartile $[Q_3, Q_1]$ contient 50 % des observations.

Son amplitude, notée *EIQ* (Étendue InterQuartile), est un indicateur de dispersion et nous est donnée par la formule :

$$\boxed{EIQ = Q_3 - Q_1}.$$

Il est bon de noter que le calcul de l'étendue interquartile a l'avantage par rapport à celui de l'étendue d'écarter les valeurs extrêmes, souvent sans signification.

Enfin, plus l'intervalle est important, plus la dispersion est forte.

Application numérique :

L'étendue interquartile est :

$$EIQ = 30 - 10 \Rightarrow EIQ = 20 \text{ titres boursiers.}$$

② **Déduisons l'intervalle semi-interquartile ou déviation quartile :**

L'intervalle semi-interquartile ou déviation quartile d'un ensemble de données est défini par :

$$\boxed{\text{Intervalle semi-interquartile} = \frac{Q_3 - Q_1}{2}}.$$

Application numérique :

L'intervalle semi-interquartile est :

Intervalle semi-interquartile = 10 titres boursiers.

③ **Déterminons l'intervalle interquartile relatif ou écart interquartile relatif :**

L'intervalle interquartile relatif ou écart interquartile relatif nous est donné par la formule :

$$\boxed{\text{Intervalle interquartile relatif} = \frac{Q_3 - Q_1}{Q_2}}.$$

Application numérique :

L'intervalle interquartile relatif est :

$$\text{Intervalle interquartile relatif} = \frac{20}{30} \Rightarrow \text{Intervalle interquartile relatif} = \frac{2}{3}$$

☞ EXERCICE n° 41

ÉNONCÉ :

Soit la distribution statistique, de l'exercice n° 29, de 200 entreprises selon leur bénéfice :

Bénéfice (10^6 F)	Nombre d'entreprises
[0, 1[	30
[1, 2[	4
[2, 4[	24
[4, 7[	70
[7, 9[	72

Dans cet exercice on a calculé Q_1 et Q_3 : $Q_1 \approx 3{,}33 \cdot 10^6$ F et $Q_3 \approx 7{,}611 \cdot 10^6$ F.

① **Calculer l'étendue interquartile ou intervalle interquartile.**

② **En déduire l'intervalle semi-interquartile ou déviation quartile.**

CORRIGÉ :

① **Calculons l'étendue interquartile ou intervalle interquartile :**

Nous savons que l'intervalle interquartile ou étendue interquartile $[Q_3, Q_1]$ contient 50 % des observations.

ALAIN PILLER

LA BOURSE, RIEN DE PLUS FACILE !

PREMIUM ÉDITEUR

SAINT GALMIER
SOURCE
BADOIT
Intensément Pétillante
Eau minérale naturelle avec adjonction de gaz carbonique
1L
evian
pure
eau minérale naturelle
S.A.E.M.E. Société par Actions Simplifiée au capital de 10 615 281 Euros - 74500 EVIAN - 797 080 850 RCS Thonon.
SOURCE
BADOIT
evian
SOURCE
BADOIT

Son amplitude, notée EIQ (Étendue InterQuartile), est un indicateur de dispersion et nous est donnée par la formule :

$$\boxed{EIQ = Q_3 - Q_1}.$$

Il est bon de noter que le calcul de l'étendue interquartile a l'avantage par rapport à celui de l'étendue d'écarter les valeurs extrêmes, souvent sans signification.

Enfin, plus l'intervalle est important, plus la dispersion est forte.

Application numérique :

L'étendue interquartile est : $EIQ \approx (7{,}611 \cdot 10^6 - 3{,}33 \cdot 10^6)$

$$\Rightarrow EIQ \approx 4{,}281 \cdot 10^6 \text{ F.}$$

(2) **Déduisons l'intervalle semi-interquartile ou déviation quartile :**

L'intervalle semi-interquartile ou déviation quartile d'un ensemble de données est défini par :

$$\boxed{\text{Intervalle semi-interquartile} = \frac{Q_3 - Q_1}{2}}.$$

Application numérique :

L'intervalle semi-interquartile est :

$$\text{Intervalle semi-interquartile} \approx 2{,}1405 \cdot 10^6 \text{ F.}$$

☞ EXERCICE n° 42

ÉNONCÉ :

Soit la série statistique suivante :

{3, 9, 36, 37, 42, 51, 57, 37, 7}.

(1) **Définir l'écart absolu moyen par rapport à la moyenne arithmétique et l'écart absolu moyen par rapport à la médiane.**

② **Déterminer ces deux écarts absolus moyens.**

CORRIGÉ :

① **Définissons l'écart absolu moyen par rapport à la moyenne arithmétique et l'écart absolu moyen par rapport à la médiane :**

L'écart absolu moyen par rapport à la moyenne arithmétique est donné par la formule :

$$e_{\bar{x}} = \frac{\sum_{i=1}^{n} |x_i - \bar{x}|}{n}.$$

C'est en fait la moyenne des écarts à la moyenne.

L'écart absolu moyen par rapport à la médiane est défini par :

$$e_{Me} = \frac{\sum_{i=1}^{n} |x_i - Me|}{n}.$$

C'est en fait la moyenne des écarts à la médiane.

② **Déterminons ces deux écarts absolus moyens :**

ⓐ L'écart absolu moyen par rapport à la moyenne arithmétique :

Dans un premier temps, nous allons calculer la moyenne arithmétique.

La moyenne arithmétique d'une série statistique est :

$$\bar{x} = \frac{\sum_{i=1}^{n} x_i}{n}.$$

Application numérique :

$$\bar{x} = \frac{3 + 9 + 36 + 37 + 42 + 51 + 57 + 37 + 7}{9} \Rightarrow \bar{x} = 31.$$

Dans un second temps, nous allons établir un tableau :

x_i	$x_i - \bar{x}$	$\lvert x_i - \bar{x} \rvert$
3	-28	28
9	-22	22
36	5	5
37	6	6
42	11	11
51	20	20
57	26	26
37	6	6
7	-24	24

Application numérique :

$$e_{\bar{x}} = \frac{28 + 22 + 5 + 6 + 11 + 20 + 26 + 6 + 24}{9} \Rightarrow e_{\bar{x}} \approx 16{,}444.$$

Au total, l'écart absolu moyen par rapport à la moyenne arithmétique est : $e_{\bar{x}} \approx 16{,}444$.

(b) L'écart absolu moyen par rapport à la médiane :

Dans un premier temps, nous allons calculer la médiane de la série statistique.

Rangeons par ordre croissant les nombres de cette série :

$$\{3, 7, 9, 36, 37, 37, 42, 51, 57\}.$$

Déterminons, à présent, le nombre qui partage la série des valeurs observées en deux séries de même taille; d'où on obtient :

$$\{3, 7, 9, 36, \underset{\substack{\uparrow \\ Me}}{37}, 37, 42, 51, 57\}.$$

Au total, la médiane est : $Me = 37$.

Dans un second temps, nous allons établir un tableau :

x_i	$x_i - M_e$	$\|x_i - M_e\|$
3	-34	34
9	-28	28
36	-1	1
37	0	0
42	5	5
51	14	14
57	20	20
37	0	0
7	-30	30

Application numérique :

$$e_{Me} = \frac{34 + 28 + 1 + 0 + 5 + 14 + 20 + 0 + 30}{9} \Rightarrow e_{Me} \approx 14{,}666.$$

Au total, l'écart absolu moyen par rapport à la médiane est : $e_{Me} \approx 14{,}666$.

☞ EXERCICE n° 43

ÉNONCÉ :

Le tableau suivant donne la répartition d'une population en fonction du nombre de titres boursiers qu'ils ont acquis cette année :

Modalités x_i	**Effectifs ou fréquences absolues n_i**
0	**20**
10	**40**
20	**30**
30	**70**
40	**40**
	n = 200

(1) **Définir l'écart absolu moyen par rapport à la moyenne arithmétique et l'écart absolu moyen par rapport à la médiane.**

(2) **Calculer ces deux écarts absolus moyens.**

CORRIGÉ :

(1) **Définissons l'écart absolu moyen par rapport à la moyenne arithmétique et l'écart absolu moyen par rapport à la médiane :**

L'écart absolu moyen par rapport à la moyenne arithmétique est donné par la formule : $e_{\bar{x}} = \frac{\sum_{i=1}^{n} n_i |x_i - \bar{x}|}{n}$.

C'est en fait la moyenne des écarts à la moyenne.

L'écart absolu moyen par rapport à la médiane est défini par :

$$e_{Me} = \frac{\sum_{i=1}^{n} n_i |x_i - Me|}{n}.$$

C'est en fait la moyenne des écarts à la médiane.

(2) **Calculons ces deux écarts absolus moyens :**

(a) L'écart absolu moyen par rapport à la moyenne arithmétique :

Dans un premier temps, nous allons calculer la moyenne arithmétique.

La moyenne arithmétique, dans le cas d'une variable discrète, est :

$$\bar{x} = \frac{\sum_{i=1}^{n} n_i x_i}{n}.$$

Application numérique :

$$\overline{x} = \frac{(0 \times 20) + (10 \times 40) + (20 \times 30) + (30 \times 70) + (40 \times 40)}{200}$$

$\Rightarrow \overline{x} = 23{,}5$ titres boursiers.

Dans un second temps, nous allons établir un tableau :

x_i	$x_i - \overline{x}$	$\lvert x_i - \overline{x} \rvert$
0	-23,5	23,5
10	-13,5	13,5
20	-3,5	3,5
30	6,5	6,5
40	16,5	16,5

Application numérique :

$$e_{\overline{x}} = \frac{(20 \times 23,5) + (40 \times 13{,}5) + (30 \times 3,5) + (70 \times 6,5) + (40 \times 16,5)}{200}$$

$$\Rightarrow e_{\overline{x}} = 11{,}15.$$

Au total, l'écart absolu moyen par rapport à la moyenne arithmétique est : $e_{\overline{x}} = 11{,}15$.

(b) L'écart absolu moyen par rapport à la médiane :

Dans un premier temps, nous allons calculer la médiane de la distribution statistique.

Établissons un tableau comprenant les modalités, les effectifs ou fréquences absolues, les fréquences relatives, les fréquences cumulées absolues ascendantes ($N(x)$) et les fréquences cumulées relatives ascendantes ($F(x)$).

Modalités x_i	Effectifs ou fréquences absolues n_i	Fréquences relatives $f_i = \frac{n_i}{n}$	$N(x)$	$F(x)$
0	20	0,1	20	0,1
10	40	0,2	60	0,3
20	30	0,15	90	0,45
30	70	0,35	160	0,8
40	40	0,2	200 ↓	1 ↓
	n = 200	1	« moins de »	« moins de »

La population comprend 200 individus. La médiane est la valeur de la variable (nombre de titres boursiers) qui partage ces 200 individus en deux sous-ensembles de 100.

Nous recherchons donc dans la colonne $N(x)$ le nombre 100 et dans la colonne $F(x)$ le nombre 0,5.

Or ces deux nombres apparaissent entre deux lignes du tableau : la modalité 20 et la modalité 30.

Par convention, nous retiendrons comme médiane la valeur de la modalité : 30.

Au total, la médiane est : $Me = 30$ titres boursiers.

Dans un second temps, nous allons établir un tableau :

x_i	$x_i - Me$	$\lvert x_i - Me \rvert$
0	-30	30
10	-20	20
20	-10	10
30	0	0
40	10	10

Application numérique :

$$e_{Me} = \frac{(20 \times 30) + (40 \times 20) + (30 \times 10) + (70 \times 0) + (40 \times 10)}{200}$$

$$\Rightarrow e_{Me} = 10{,}5.$$

Au total, l'écart absolu moyen par rapport à la médiane est :

$$e_{Me} = 10{,}5.$$

☞ EXERCICE n° 44

ÉNONCÉ :

On considère la distribution suivante :

Modalités ou classes	Effectifs ou fréquences absolues n_i
[15, 25[	9
[25, 35[	15
[35, 45[	22
[45, 55[	29
[55, 65[	17
[65, 75[	6
[75, 85[	2

(1) Définir l'écart absolu moyen par rapport à la moyenne arithmétique et l'écart absolu moyen par rapport à la médiane.

(2) Calculer ces deux écarts absolus moyens.

CORRIGÉ :

(1) Définissons l'écart absolu moyen par rapport à la moyenne arithmétique et l'écart absolu moyen par rapport à la médiane :

L'écart absolu moyen par rapport à la moyenne arithmétique est donné par la formule :

$$e_{\bar{x}} = \frac{\sum_{i=1}^{n} n_i |x_i - \bar{x}|}{n},$$

les x_i étant les centres des classes.

C'est en fait la moyenne des écarts à la moyenne.

L'écart absolu moyen par rapport à la médiane est défini par :

$$e_{Me} = \frac{\sum_{i=1}^{n} n_i |x_i - Me|}{n},$$

les x_i étant les centres des classes.

C'est en fait la moyenne des écarts à la médiane.

(2) Calculons ces deux écarts absolus moyens :

(a) <u>L'écart absolu moyen par rapport à la moyenne arithmétique :</u>

Dans un premier temps, nous allons calculer la moyenne arithmétique.

La moyenne arithmétique, dans le cas d'une variable continue, est :

$$\bar{x} = \frac{\sum_{i=1}^{n} n_i x_i}{n},$$

les x_i étant les centres des classes.

Déterminons les centres des classes :

Modalités ou classes	Centres des classes x_i
[15, 25[	20
[25, 35[	30
[35, 45[	40
[45, 55[	50
[55, 65[	60
[65, 75[	70
[75, 85[	80

Application numérique :

$$\bar{x} = \frac{(20 \times 9) + (30 \times 15) + (40 \times 22) + (50 \times 29)}{100} + \frac{(60 \times 17) + (70 \times 6) + (80 \times 2)}{100}$$

$$\Rightarrow \bar{x} = 45{,}6.$$

Dans un second temps, nous allons établir un tableau :

x_i	$x_i - \bar{x}$	$\lvert x_i - \bar{x} \rvert$
20	-25,6	25,6
30	-15,6	15,6
40	-5,6	5,6
50	4,4	4,4
60	14,4	14,4
70	24,4	24,4
80	34,4	34,4

Application numérique :

$$e_{\bar{x}} = \frac{(9 \times 25{,}6) + (15 \times 15{,}6) + (22 \times 5{,}6) + (29 \times 4{,}4)}{100} + \frac{(17 \times 14{,}4) + (6 \times 24{,}4) + (2 \times 34{,}4)}{100}$$

$$\Rightarrow e_{\bar{x}} = 11{,}752.$$

Au total, l'écart absolu moyen par rapport à la moyenne arithmétique est : $e_{\bar{x}} = 11{,}752$.

(b) L'écart absolu moyen par rapport à la médiane :

Dans un premier temps, nous allons calculer la médiane de la distribution statistique.

Établissons un tableau comprenant les modalités, les effectifs ou fréquences absolues, les fréquences relatives, les centres des classes, les fréquences cumulées absolues ascendantes ($N(x)$) et les fréquences cumulées relatives ascendantes ($F(x)$).

Modalités ou classes	Effectifs ou fréquences absolues n_i	Fréquences relatives $f_i = \frac{n_i}{n}$	Centres des classes x_i	$N(x)$	$F(x)$
[15, 25[	9	0,09	20	9	0,09
[25, 35[	15	0,15	30	24	0,24
[35, 45[	22	0,22	40	46	0,46
[45, 55[	29	0,29	50	75	0,75
[55, 65[	17	0,17	60	92	0,92
[65, 75[	6	0,06	70	98	0,98
[75, 85[	2	0,02	80	100 ↓	1 ↓
	$n = 100$	1		« moins de »	« moins de »

La population comprend 100 individus. La médiane est la valeur de la variable qui partage ces 100 individus en deux sous-ensembles de 100.

Nous recherchons donc dans la colonne $N(x)$ le nombre 50 et dans la colonne $F(x)$ le nombre 0,5.

Or ces deux nombres apparaissent entre deux lignes du tableau : la classe [35, 45[et la classe [45, 55[.

Par convention, nous retiendrons comme classe médiane, la classe [45, 55[.

Au total, la classe médiane est : $I = [45, 55[$.

Soit I la classe médiane. Posons $I = [C_i, C_{i+1}[$.

Soient a_i l'amplitude de la classe médiane, f_i la fréquence relative correspondante et $F(x_{i-1})$ la valeur de la fréquence cumulée relative ascendante de la classe $[C_{i-1}, C_i[$.

En faisant l'hypothèse d'équirépartition des données, nous savons que, par interpolation linéaire, la médiane nous est donnée par la formule :

$$\boxed{Me = C_i + a_i \cdot \left[\frac{0{,}5 - F(x_{i-1})}{f_i}\right]}.$$

Application numérique :

$$Me = 45 + 10 \cdot \left[\frac{0{,}5 - 0{,}46}{0{,}29}\right] \Rightarrow Me \approx 46{,}38.$$

Au total, la médiane est : $Me = 46{,}38$.

Dans un second temps, nous allons établir un tableau :

x_i	$x_i - Me$	$\lvert x_i - Me \rvert$
20	-26,38	26,38
30	-16,38	16,38
40	-6,38	6,38
50	3,62	3,62
60	13,62	13,62
70	23,62	23,62
80	33,62	33,62

Application numérique :

$$e_{Me} = \frac{(9 \times 26{,}38) + (15 \times 16{,}38) + (22 \times 6{,}38) + (29 \times 3{,}62)}{100} + \frac{(17 \times 13{,}62) + (6 \times 23{,}62) + (2 \times 33{,}62)}{100}$$

$$\Rightarrow e_{Me} \approx 11{,}69.$$

Au total, l'écart absolu moyen par rapport à la médiane est : $e_{Me} \approx 11{,}69$.

☞ EXERCICE n° 45

ÉNONCÉ :

Soit la série statistique suivante :

{3, 9, 36, 37, 42, 51, 57, 37, 7}.

(1) **Calculer la variance de cette série à l'aide de la «formule de définition ». En déduire l'écart type.**

(2) **Calculer la variance de cette série au moyen de la « formule développée ». En déduire l'écart type.**

(3) **Déterminer la variance de cette série par « changement d'origine ». En déduire l'écart type.**

(4) **Calculer dans chacun des cas le coefficient de variation ou coefficient de dispersion.**

CORRIGÉ :

(1) **Calculons la variance de cette série à l'aide de la « formule de définition » et déduisons-en l'écart type :**

Nous savons que la formule de définition de la variance d'une série statistique est :

$$V(x) = \frac{\sum_{i=1}^{n} (x_i - \bar{x})^2}{n}.$$

Il s'agit de la moyenne arithmétique des carrés des écarts à la moyenne arithmétique.

Dans un premier temps, nous allons calculer la moyenne arithmétique.

La moyenne arithmétique d'une série statistique est :

$$\boxed{\bar{x} = \frac{\sum_{i=1}^{n} x_i}{n}}.$$

<u>***Application numérique :***</u>

$$\bar{x} = \frac{3 + 9 + 36 + 37 + 42 + 51 + 57 + 37 + 7}{9} \quad \Rightarrow \bar{x} = 31.$$

Dans un second temps, nous allons établir un tableau :

x_i	$x_i - \bar{x}$	$(x_i - \bar{x})^2$
3	-28	784
9	-22	484
36	5	25
37	6	36
42	11	121
51	20	400
57	26	676
37	6	36
7	-24	576

<u>***Application numérique :***</u>

$$V(x) = \frac{784 + 484 + 25 + 36 + 121 + 400 + 676 + 36 + 576}{9}$$

$$\Rightarrow V(x) \approx 348{,}666.$$

Au total, la variance est : $V(x) \approx 348{,}666$.

Dans ces conditions, l'écart type est :

$$\sigma_x \approx (348{,}666)^{\frac{1}{2}} \Rightarrow \sigma_x \approx 18{,}672.$$

(2) Calculons la variance de cette série au moyen de la « formule développée » et déduisons-en l'écart type :

Nous savons que la formule développée de la variance d'une série statistique est : $V(x) = \frac{\sum_{i=1}^{n} x_i^2}{n} - \bar{x}^2$.

Dans un premier temps, nous allons calculer la moyenne arithmétique.

Or à la question précédente, nous avons obtenu : $\bar{x} = 31$.

Dans un second temps, nous allons établir un tableau :

x_i	x_i^2
3	9
9	81
36	1 296
37	1 369
42	1 764
51	2 601
57	3 249
37	1 369
7	49

***Application numérique* :**

$$V(x) = \frac{(9 + 81 + 1\,296 + 1\,369 + 1\,764 + 2\,601}{9}$$
$$\frac{+ 3\,249 + 1\,369 + 49)}{9} - 961$$

$\Rightarrow V(x) \approx 348{,}666.$

Au total, la variance est : $V(x) \approx 348{,}666.$

Dans ces conditions, l'écart type est :

$$\sigma_x \approx (348{,}666)^{\frac{1}{2}} \Rightarrow \sigma_x \approx 18{,}672.$$

③ Déterminons la variance de cette série par « changement d'origine » et déduisons-en l'écart type :

Dans un premier temps, nous allons choisir une origine x_0.

Puis on en déduira une variable auxiliaire z_i.

Pour cela rangeons par ordre croissant les nombres de cette série :

$$\{3, 7, 9, 36, 37, 37, 42, 51, 57\}.$$

Prenons comme origine $x_0 = 37$ (on choisit une origine vers le centre de la série en général!).

Dans ces conditions, la variable auxiliaire s'écrit : $z_i = x_i - x_0$ c'est-à-dire $z_i = x_i - 37$.

De plus, nous aurons :

- $\bar{z} = \bar{x} - x_0$,
- $V(z) = V(x)$.

Dans un second temps, nous allons calculer $\bar{z}$.

Or nous savons que : $\bar{x} = 31$.

Application numérique **:**

$\bar{z} = 31 - 37 \Rightarrow \bar{z} = -6$.

Dans un troisième temps, nous savons que la formule développée de la variance d'une série statistique est :

$$\boxed{V(z) = \frac{\sum_{i=1}^{n} z_i^2}{n} - \bar{z}^2}.$$

Établissons un tableau :

x_i	z_i	z_i^2
3	-34	1 156
7	-30	900
9	-28	784
36	-1	1
37	0	0
37	0	0
42	5	25
51	14	196
57	20	400

Application numérique :

$$V(z) = \frac{(1\,156 + 900 + 784 + 1 + 25 + 196 + 400)}{9} - 36$$

$\Rightarrow V(z) \approx 348{,}666.$

Au total, la variance est : $V(x) = V(z) \approx 348{,}666.$

Dans ces conditions, l'écart type est :

$$\sigma_x \approx (348{,}666)^{\frac{1}{2}} \Rightarrow \sigma_x \approx 18{,}672.$$

(4) **Calculons dans chacun des cas le coefficient de variation ou coefficient de dispersion :**

Le coefficient de variation ou coefficient de dispersion est le rapport de l'écart type à la moyenne arithmétique : $\boxed{CV = \frac{\sigma_x}{\bar{x}}}$.

C'est un nombre sans dimension, indépendant des unités choisies. Il permet de comparer des séries exprimées dans des unités différentes.

Il est souvent exprimé en pourcentage.

Il est bon de remarquer que dans les trois cas que nous venons de traiter, le coefficient de variation est le même !

Application numérique :

$$CV = \frac{(348{,}666)^{\frac{1}{2}}}{31} \quad \Rightarrow CV \approx 0{,}602.$$

Au total, le coefficient de variation ou coefficient de dispersion est : $CV \approx 0{,}602$.

☞ EXERCICE n° 46

ÉNONCÉ :

Soit la série statistique suivante :

{84, 124, 128, 132, 140, 160}.

① **Déterminer la variance de cette série par « changement de variable » ou « technique de la moyenne provisoire ». En déduire l'écart type.**

② **Calculer le coefficient de variation ou coefficient de dispersion.**

CORRIGÉ :

① **Déterminons la variance de cette série par « changement de variable » ou « technique de la moyenne provisoire » et déduisons-en l'écart type :**

Dans un premier temps, nous allons choisir une origine x_0 et une constante « a » telles que : $z_i = \dfrac{x_i - x_0}{a}$, z_i étant la variable auxiliaire.

Prenons comme origine $x_0 = 120$ (on choisit une origine vers le centre de la série en général!) et comme constante a : $a = 4$ (le PGCD des différences $x_i - x_0$).

Dans ces conditions, la variable auxiliaire s'écrit : $z_i = \dfrac{x_i - x_0}{a}$

c'est-à-dire $z_i = \dfrac{x_i - 120}{4}$.

De plus, nous aurons :

- $\bar{z} = \dfrac{\bar{x} - x_0}{a}$,
- $V(z) = \dfrac{V(x)}{a^2} \Rightarrow V(x) = a^2 \cdot V(z)$.

Dans un second temps, nous allons calculer $\bar{z}$.

Pour cela calculons $\bar{x}$; nous savons que la moyenne arithmétique d'une série statistique est : $\boxed{\bar{x} = \dfrac{\sum_{i=1}^{n} x_i}{n}}$.

<u>Application numérique :</u>

$$\bar{x} = \frac{84 + 124 + 128 + 132 + 140 + 160}{6} \Rightarrow \bar{x} = 128.$$

D'où $\bar{z} = \dfrac{128 - 120}{4} \Rightarrow \bar{z} = 2$.

Dans un troisième temps, nous savons que la formule développée de la variance d'une série statistique est :

$$\boxed{V(z) = \frac{\sum_{i=1}^{n} z_i^2}{n} - \bar{z}^2}.$$

Établissons un tableau :

x_i	z_i	z_i^2
84	-9	81
124	1	1
128	2	4
132	3	9
140	5	25
160	10	100

Application numérique :

$$V(z) = \frac{(81 + 1 + 4 + 9 + 25 + 100)}{6} - 4 \quad \Rightarrow V(z) \approx 32{,}666.$$

D'où $V(x) = a^2 \cdot V(z) \Leftrightarrow V(x) = 16 \cdot V(z) \Rightarrow V(x) \approx 522{,}666.$

Au total, la variance est : $V(x) \approx 522{,}666.$

Dans ces conditions, l'écart type est : $\sigma_x \approx 22{,}86.$

(2) Calculons le coefficient de variation ou coefficient de dispersion :

Le coefficient de variation ou coefficient de dispersion est le rapport de l'écart type à la moyenne arithmétique : $\boxed{CV = \frac{\sigma_x}{\overline{x}}}$.

C'est un nombre sans dimension, indépendant des unités choisies. Il permet de comparer des séries exprimées dans des unités différentes.

Il est souvent exprimé en pourcentage.

Application numérique :

$$CV = \frac{22{,}86}{128} \quad \Rightarrow CV \approx 17{,}86\ \%.$$

Au total, le coefficient de variation ou coefficient de dispersion est : $CV \approx 17{,}86\ \%$.

☞ EXERCICE n° 47

ÉNONCÉ :

Le tableau suivant donne la répartition d'une population en fonction du nombre de titres boursiers qu'ils ont acquis cette année :

Modalités x_i	Effectifs ou fréquences absolues n_i
0	20
10	40
20	30
30	70
40	40
	$n = 200$

(1) **Calculer la variance de cette distribution à l'aide de la « formule de définition ». En déduire l'écart type.**

(2) **Calculer la variance de cette distribution au moyen de la « formule développée ». En déduire l'écart type.**

(3) **Déterminer la variance de cette distribution par « changement d'origine ». En déduire l'écart type.**

(4) **Déterminer la variance de cette distribution par « changement de variable » ou « technique de la moyenne provisoire ». En déduire l'écart type.**

(5) **Calculer le coefficient de variation ou coefficient de dispersion dans chacun des cas.**

CORRIGÉ :

(1) **Calculons la variance de cette distribution à l'aide de la « formule de définition » et déduisons-en l'écart type :**

Nous savons que la formule de définition de la variance d'une distribution statistique est :

$$V(x) = \frac{\sum_{i=1}^{n} n_i(x_i - \bar{x})^2}{n} \quad \text{ou} \quad V(x) = \sum_{i=1}^{n} f_i(x_i - \bar{x})^2 .$$

Il s'agit de la moyenne arithmétique des carrés des écarts à la moyenne arithmétique.

Dans un premier temps, nous allons calculer la moyenne arithmétique.

La moyenne arithmétique, dans le cas d'une variable discrète, est :

$$\boxed{\bar{x} = \frac{\sum_{i=1}^{n} n_i x_i}{n}}.$$

Application numérique :

$$\bar{x} = \frac{(0 \times 20) + (10 \times 40) + (20 \times 30) + (30 \times 70) + (40 \times 40)}{200}$$

$\Rightarrow \bar{x} = 23{,}5$ titres boursiers.

Dans un second temps, nous allons établir un tableau :

x_i	$x_i - \bar{x}$	$(x_i - \bar{x})^2$
0	-23,5	552,25
10	-13,5	182,25
20	-3,5	12,25
30	6,5	42,25
40	16,5	272,25

Application numérique :

$$V(x) = \frac{(20 \times 552{,}25) + (40 \times 182{,}25) + (30 \times 12{,}25)}{200} + \frac{(70 \times 42{,}25) + (40 \times 272{,}25)}{200}$$

$\Rightarrow V(x) = 162{,}75.$

Au total, la variance est : $V(x) = 162{,}75.$

Dans ces conditions, l'écart type est :

$$\sigma_x \approx (162{,}75)^{\frac{1}{2}} \Rightarrow \sigma_x \approx 12{,}757.$$

(2) Calculons la variance de cette distribution au moyen de la « formule développée » et déduisons-en l'écart type :

Nous savons que la formule développée de la variance d'une distribution statistique est :

$$\boxed{V(x) = \frac{\sum_{i=1}^{n} n_i x_i^2}{n} - \bar{x}^2} \quad \text{ou} \quad \boxed{V(x) = \sum_{i=1}^{n} f_i x_i^2 - \bar{x}^2}.$$

Dans un premier temps, nous allons calculer la moyenne arithmétique.

Or à la question précédente, nous avons obtenu :

$$\bar{x} = 23{,}5 \text{ titres boursiers.}$$

Dans un second temps, nous allons établir un tableau :

x_i	x_i^2
0	0
10	100
20	400
30	900
40	1 600

Application numérique :

$$V(x) = \frac{(20 \times 0) + (40 \times 100) + (30 \times 400)}{200} + \frac{(70 \times 900) + (40 \times 1600)}{200} - 552{,}25$$

$$\Rightarrow V(x) = 162{,}75.$$

Au total, la variance est : $V(x) = 162{,}75$.

Dans ces conditions, l'écart type est :

$$\sigma_x \approx (165{,}75)^{\frac{1}{2}} \Rightarrow \sigma_x \approx 12{,}757.$$

(3) Déterminons la variance de cette distribution par « changement d'origine » et déduisons-en l'écart type :

Dans un premier temps, nous allons choisir une origine x_0.
Puis on en déduira une variable auxiliaire z_i.
Prenons comme origine $x_0 = 20$ (on choisit une origine vers le centre de la série en général !).

Dans ces conditions, la variable auxiliaire s'écrit : $z_i = x_i - x_0$ c'est-à-dire $z_i = x_i - 20$.

De plus, nous aurons :

- $\bar{z} = \bar{x} - x_0$,
- $V(z) = V(x)$.

Dans un second temps, nous allons calculer $\bar{z}$.

Or nous savons que : $\bar{x} = 23{,}5$ titres boursiers.

<u>Application numérique :</u>

$\bar{z} = 23{,}5 - 20 \Rightarrow \bar{z} = 3{,}5$ titres boursiers.

Dans un troisième temps, nous savons que la formule développée de la variance d'une distribution statistique est :

$$V(z) = \frac{\sum_{i=1}^{n} n_i z_i^2}{n} - \bar{z}^2 \quad \text{ou} \quad V(z) = \sum_{i=1}^{n} f_i z_i^2 - \bar{z}^2 .$$

Établissons un tableau :

x_i	z_i	z_i^2
0	-20	400
10	-10	100
20	0	0
30	10	100
40	20	400

***Application numérique* :**

$$V(z) = \frac{(20 \times 400) + (40 \times 100) + (30 \times 0)}{200} + \frac{(70 \times 100) + (40 \times 400)}{200} - 12{,}25$$

$$\Rightarrow V(z) = 162{,}75.$$

Au total, la variance est : $V(x) = V(z) = 162{,}75$.

Dans ces conditions, l'écart type est :

$$\sigma_x \approx (162{,}75)^{\frac{1}{2}} \Rightarrow \sigma_x \approx 12{,}757.$$

(4) **Déterminons la variance de cette distribution par « changement de variable » ou « technique de la moyenne provisoire » et déduisons-en l'écart type :**

Dans un premier temps, nous allons choisir une origine x_0 et une constante « a » telles que : $z_i = \frac{x_i - x_0}{a}$, z_i étant la variable auxiliaire.

Prenons comme origine $x_0 = 20$ (on choisit une origine vers le centre de la série en général!) et comme constante a : $a = 5$ (le PGCD des différences $x_i - x_0$).

Dans ces conditions, la variable auxiliaire s'écrit : $z_i = \frac{x_i - x_0}{a}$ c'est-à-dire $z_i = \frac{x_i - 20}{5}$.

De plus nous aurons :

- $\bar{z} = \frac{\bar{x} - x_0}{a}$,
- $V(z) = \frac{V(x)}{a^2} \quad \Rightarrow V(x) = a^2 \cdot V(z)$.

Dans un second temps, nous allons calculer $\bar{z}$.

Or nous savons que : $\bar{x} = 23{,}5$ titres boursiers.

Application numérique :

$$\bar{z} = \frac{23{,}5 - 20}{5} \quad \Rightarrow \bar{z} = 0{,}7.$$

Dans un troisième temps, nous savons que la formule développée de la variance d'une distribution statistique est :

$$\boxed{V(z) = \frac{\sum_{i=1}^{n} n_i z_i^2}{n} - \bar{z}^2} \quad \text{ou} \quad \boxed{V(z) = \sum_{i=1}^{n} f_i z_i^2 - \bar{z}^2}.$$

Établissons un tableau :

x_i	z_i	z_i^2
0	-4	16
10	-2	4
20	0	0
30	2	4
40	4	16

Application numérique :

$$V(z) = \frac{(20 \times 16) + (40 \times 4) + (30 \times 0) + (70 \times 4) + (40 \times 16)}{200} - 0{,}49$$

$$\Rightarrow V(z) = 6{,}51.$$

D'où $V(x) = a^2 \cdot V(z) \Leftrightarrow V(x) = 25 \cdot V(z) \Rightarrow V(x) = 162{,}75.$

Au total, la variance est : $V(x) = 162{,}75.$

Dans ces conditions, l'écart type est :

$$\sigma_x \approx (162{,}75)^{\frac{1}{2}} \Rightarrow \sigma_x \approx 12{,}757.$$

(5) **Calculons le coefficient de variation ou coefficient de dispersion dans chacun des cas :**

Le coefficient de variation ou coefficient de dispersion est le rapport de l'écart type à la moyenne arithmétique : $\boxed{CV = \frac{\sigma_x}{\overline{x}}}$.

C'est un nombre sans dimension, indépendant des unités choisies. Il permet de comparer des séries exprimées dans des unités différentes. Il est souvent exprimé en pourcentage.

Il est bon de remarquer que dans les quatre cas que nous venons de traiter, le coefficient de variation est le même !

***Application numérique* :**

$$CV = \frac{(162{,}75)^{\frac{1}{2}}}{23{,}5} \Rightarrow CV \approx 0{,}543.$$

Au total, le coefficient de variation ou coefficient de dispersion est : $CV \approx 54{,}3$ %.

☞ EXERCICE n° 48

ÉNONCÉ :

Soit la série statistique suivante :

Modalités ou classes	Effectifs ou fréquences absolues n_i
[50, 60[	33
[60, 70[	37
[70, 80[	51
[80, 90[	7
[90, 100[	72
	$n = 200$

① **Calculer la variance de cette distribution à l'aide de la « formule de définition ». En déduire l'écart type.**

② **Calculer la variance de cette distribution au moyen de la « formule développée ». En déduire l'écart type.**

③ **Déterminer la variance de cette distribution par « changement d'origine ». En déduire l'écart type.**

④ **Déterminer la variance de cette distribution par « changement de variable » ou « technique de la moyenne provisoire ». En déduire l'écart type.**

⑤ **Calculer le coefficient de variation ou coefficient de dispersion dans chacun des cas.**

CORRIGÉ :

① **Calculons la variance de cette distribution à l'aide de la « formule de définition » et déduisons-en l'écart type :**

Nous savons que la formule de définition de la variance d'une distribution statistique est :

$$\boxed{V(x) = \frac{\sum_{i=1}^{n} n_i(x_i - \bar{x})^2}{n}} \quad \text{ou} \quad \boxed{V(x) = \sum_{i=1}^{n} f_i(x_i - \bar{x})^2},$$

les x_i étant les centres des classes.

Il s'agit de la moyenne arithmétique des carrés des écarts à la moyenne arithmétique.

Dans un premier temps, nous allons calculer la moyenne arithmétique.

La moyenne arithmétique, dans le cas d'une variable continue, est :

$$\boxed{\bar{x} = \frac{\sum_{i=1}^{n} n_i x_i}{n}},$$

les x_i étant les centres des classes.

Modalités ou classes	Centres des classes x_i
[50, 60[	55
[60, 70[	65
[70, 80[	75
[80, 90[	85
[90, 100[	95

Application numérique :

$$\bar{x} = \frac{(55 \times 33) + (65 \times 37) + (75 \times 51) + (85 \times 7) + (95 \times 72)}{200}$$

$$\Rightarrow \bar{x} = 77{,}4.$$

Dans un second temps, nous allons établir un tableau :

x_i	$x_i - \bar{x}$	$(x_i - \bar{x})^2$
55	-22,4	501,76
65	-12,4	153,76
75	-2,4	5,76
85	7,6	57,76
95	17,6	309,76

Application numérique :

$$V(x) = \frac{(33 \times 501{,}76) + (37 \times 153{,}76) + (51 \times 5{,}76)}{200} + \frac{(7 \times 57{,}76) + (72 \times 309{,}76)}{200}$$

$$\Rightarrow V(x) = 226{,}24.$$

Au total, la variance est : $V(x) = 226{,}24$.

Dans ces conditions, l'écart type est :

$$\sigma_x \approx (226{,}24)^{\frac{1}{2}} \Rightarrow \sigma_x \approx 15{,}041.$$

(2) Calculons la variance de cette distribution au moyen de la « formule développée » et déduisons-en l'écart type :

Nous savons que la formule développée de la variance d'une distribution statistique est :

$$V(x) = \frac{\sum_{i=1}^{n} n_i x_i^2}{n} - \bar{x}^2 \quad \text{ou} \quad V(x) = \sum_{i=1}^{n} f_i x_i^2 - \bar{x}^2,$$

les x_i étant les centres des classes.

Dans un premier temps, nous allons calculer la moyenne arithmétique.

Or à la question précédente, nous avons obtenu : $\bar{x} = 77{,}4$.

Dans un second temps, nous allons établir un tableau :

x_i	x_i^2
55	3 025
65	4 225
75	5 625
85	7 225
95	9 025

Application numérique :

$$V(x) = \frac{(33 \times 3\,025) + (37 \times 4\,225) + (51 \times 5\,625)}{200} + \frac{(7 \times 7\,225) + (72 \times 9\,025)}{200} - 5990{,}96$$

$$\Rightarrow V(x) = 226{,}24.$$

Au total, la variance est : $V(x) = 226{,}24$.

Dans ces conditions, l'écart type est :

$$\sigma_x \approx (226{,}24)^{\frac{1}{2}} \Rightarrow \sigma_x \approx 15{,}041.$$

(3) Déterminons la variance de cette distribution par « changement d'origine » et déduisons-en l'écart type :

Dans un premier temps, nous allons choisir une origine x_0.

Puis on en déduira une variable auxiliaire z_i.

Prenons comme origine $x_0 = 75$ (on choisit une origine vers le centre de la série en général!).

Dans ces conditions, la variable auxiliaire s'écrit : $z_i = x_i - x_0$ c'est-à-dire $z_i = x_i - 75$.

De plus, nous aurons :

- $\bar{z} = \bar{x} - x_0$,
- $V(z) = V(x)$.

Dans un second temps, nous allons calculer $\bar{z}$.

Or nous savons que : $\bar{x} = 77{,}4$.

<u>Application numérique :</u>

$\bar{z} = 77{,}4 - 75 \Rightarrow \bar{z} = 2{,}4$.

Dans un troisième temps, nous savons que la formule développée de la variance d'une distribution statistique est :

$$\boxed{V(z) = \frac{\sum_{i=1}^{n} n_i z_i^2}{n} - \bar{z}^2} \quad \text{ou} \quad \boxed{V(z) = \sum_{i=1}^{n} f_i z_i^2 - \bar{z}^2},$$

les x_i étant les centres des classes.

Établissons un tableau :

x_i	z_i	z_i^2
55	-20	400
65	-10	100
75	0	0
85	10	100
95	20	400

Application numérique :

$$V(z) = \frac{(33 \times 400) + (37 \times 100) + (51 \times 0)}{200} + \frac{(7 \times 100) + (72 \times 400)}{200} - 5{,}76$$

$$\Rightarrow V(z) = 226{,}24.$$

Au total, la variance est : $V(x) = V(z) = 226{,}24$.

Dans ces conditions, l'écart type est :

$$\sigma_x \approx (226{,}24)^{\frac{1}{2}} \Rightarrow \sigma_x \approx 15{,}041.$$

(4) **Déterminons la variance de cette distribution par « changement de variable » ou « technique de la moyenne provisoire » et déduisons-en l'écart type :**

Dans un premier temps, nous allons choisir une origine x_0 et une constante « a » telles que : $z_i = \frac{x_i - x_0}{a}$, z_i étant la variable auxiliaire.

Prenons comme origine $x_0 = 75$ (on choisit une origine vers le centre de la série en général!) et comme constante a : $a = 5$ (le PGCD des différences $x_i - x_0$).

Dans ces conditions, la variable auxiliaire s'écrit : $z_i = \frac{x_i - x_0}{a}$ c'est-à-dire $z_i = \frac{x_i - 75}{5}$.

De plus, nous aurons :

- $\bar{z} = \frac{\bar{x} - x_0}{a}$,
- $V(z) = \frac{V(x)}{a^2} \Rightarrow V(x) = a^2 \cdot V(z)$.

Dans un second temps, nous allons calculer $\bar{z}$.

Or nous savons que : $\bar{x} = 77{,}4$.

Application numérique :

$$\bar{z} = \frac{77{,}4 - 75}{5} \Rightarrow \bar{z} = 0{,}48.$$

Dans un troisième temps, nous savons que la formule développée de la variance d'une distribution statistique est :

$$V(z) = \frac{\sum_{i=1}^{n} n_i z_i^2}{n} - \bar{z}^2 \quad \text{ou} \quad V(z) = \sum_{i=1}^{n} f_i z_i^2 - \bar{z}^2,$$

les x_i étant les centres des classes.

Établissons un tableau :

x_i	z_i	z_i^2
55	-4	16
65	-2	4
75	0	0
85	2	4
95	4	16

Application numérique :

$$V(z) = \frac{(33 \times 16) + (37 \times 4) + (51 \times 0) + (7 \times 4) + (72 \times 16)}{200} - 0{,}2304$$

$$\Rightarrow V(z) = 9{,}0496.$$

D'où $V(x) = a^2 \cdot V(z) \Leftrightarrow V(x) = 25 \cdot V(z) \Rightarrow V(x) = 226{,}24.$

Au total, la variance est : $V(x) = 226{,}24.$

Dans ces conditions, l'écart type est :

$$\sigma_x \approx (226{,}24)^{\frac{1}{2}} \Rightarrow \sigma_x \approx 15{,}041.$$

(5) **Calculons le coefficient de variation ou coefficient de dispersion dans chacun des cas :**

Le coefficient de variation ou coefficient de dispersion est le rapport de l'écart type à la moyenne arithmétique : $\boxed{CV = \frac{\sigma_x}{\overline{x}}}$.

C'est un nombre sans dimension, indépendant des unités choisies. Il permet de comparer des séries exprimées dans des unités différentes.

Il est souvent exprimé en pourcentage.

Il est bon de remarquer que dans les quatre cas que nous venons de traiter, le coefficient de variation est le même!

<u>Application numérique :</u>

$$CV = \frac{(226{,}24)^{\frac{1}{2}}}{77{,}4} \Rightarrow CV \approx 0{,}194.$$

Au total, le coefficient de variation ou coefficient de dispersion est :

$$CV \approx 19{,}4\ \%.$$

☞ EXERCICE n° 49

ÉNONCÉ :

(1) **Définir les moments simples d'ordre « *r* ».**

(2) **Quelles sont les égalités remarquables?**

CORRIGÉ :

(1) **Définissons les moments simples d'ordre « *r* » :**

Nous devons distinguer trois cas :

(a) Soit une série statistique $\{x_1, \ldots, x_n\}$, on appelle moment simple d'ordre « r » le nombre :

$$m_r = \frac{\sum_{i=1}^{n} x_i^r}{n}.$$

Il est bon de noter que n est le nombre de termes de la série.

(b) Soit une distribution statistique d'une variable discrète :

Modalités x_i	Effectifs ou fréquences absolues n_i	Fréquences relatives $f_i = \frac{n_i}{n}$
x_1	n_1	f_1
x_2	n_2	f_2
x_3	n_3	f_3
$\vdots$	$\vdots$	$\vdots$
x_n	n_n	f_n
	n	1

Dans ce cas, on appelle moment simple d'ordre « r » le nombre :

$$m_r = \frac{\sum_{i=1}^{n} n_i x_i^r}{n} \quad \text{ou} \quad m_r = \sum_{i=1}^{n} f_i x_i^r.$$

Ⓒ <u>Soit une distribution statistique d'une variable continue :</u>

Modalités ou classes $[c_i, c_{i+1}[$	Effectifs ou fréquences absolues n_i	Fréquences relatives $f_i = \frac{n_i}{n}$	Centres des classes x_i
$[c_1, c_2[$	n_1	f_1	x_1
$[c_2, c_3[$	n_2	f_2	x_2
$[c_3, c_4[$	n_3	f_3	x_3
$\vdots$	$\vdots$	$\vdots$	$\vdots$
$[c_n, c_{n+1}[$	n_n	f_n	x_n
	n	1	

Dans ce cas, on appelle moment simple d'ordre « r » le nombre :

$$\boxed{m_r = \frac{\sum_{i=1}^{n} n_i x_i^r}{n}} \quad \text{ou} \quad \boxed{m_r = \sum_{i=1}^{n} f_i x_i^r}.$$

② Déterminons les égalités remarquables :

Les égalités remarquables sont :

- $m_0 = 1$;
- $m_1 = \bar{x}$ (moyenne arithmétique);
- $m_2 = Q^2$ (moyenne quadratique au carré);
- $V(x) = m_2 - m_1^2$: c'est le théorème de Koenigs.

☞ EXERCICE n° 50

ÉNONCÉ :

① **Définir les moments centrés d'ordre « r ».**

② **Quelles sont les égalités remarquables?**

CORRIGÉ :

① **Définissons les moments centrés d'ordre « r » :**

Nous devons distinguer trois cas :

ⓐ Soit une série statistique $\{x_1, \ldots, x_n\}$, on appelle moment centré d'ordre « r » le nombre :

$$\mu_r = \frac{\sum_{i=1}^{n} (x_i - \bar{x})^r}{n}.$$

Il est bon de noter que n est le nombre de termes de la série.

ⓑ Soit une distribution statistique d'une variable discrète :

Modalités x_i	Effectifs ou fréquences absolues n_i	Fréquences relatives $f_i = \frac{n_i}{n}$
x_1	n_1	f_1
x_2	n_2	f_2
x_3	n_3	f_3
⋮	⋮	⋮
x_n	n_n	f_n
	n	1

Dans ce cas, on appelle moment centré d'ordre « r » le nombre :

$$\mu_r = \frac{\sum_{i=1}^{n} n_i(x_i - \bar{x})^r}{n} \quad \text{ou} \quad \mu_r = \sum_{i=1}^{n} f_i(x_i - \bar{x})^r.$$

ⓒ <u>Soit une distribution statistique d'une variable continue :</u>

Modalités ou classes $[c_i, c_{i+1}[$	Effectifs ou fréquences absolues n_i	Fréquences relatives $f_i = \frac{n_i}{n}$	Centres des classes x_i
$[c_1, c_2[$	n_1	f_1	x_1
$[c_2, c_3[$	n_2	f_2	x_2
$[c_3, c_4[$	n_3	f_3	x_3
⋮	⋮	⋮	⋮
$[c_n, c_{n+1}[$	n_n	f_n	x_n
	n	1	

Dans ce cas, on appelle moment centré d'ordre « r » le nombre :

$$\mu_r = \frac{\sum_{i=1}^{n} n_i(x_i - \bar{x})^r}{n} \quad \text{ou} \quad \mu_r = \sum_{i=1}^{n} f_i(x_i - \bar{x})^r.$$

② Déterminons les égalités remarquables :

Les égalités remarquables sont :

- $\mu_0 = 1$;
- $\mu_1 = 0$;
- $\mu_2 = V(x)$;

- $\mu_2 = m_2 - m_1^2$: c'est le théorème de Koenigs.

☞ EXERCICE n° 51

ÉNONCÉ :

Soit une distribution statistique d'une variable continue :

Modalités ou classes $[c_i, c_{i+1}[$	Effectifs ou fréquences absolues n_i	Fréquences relatives $f_i = \frac{n_i}{n}$	Centres des classes x_i
$[c_1, c_2[$	n_1	f_1	x_1
$[c_2, c_3[$	n_2	f_2	x_2
$[c_3, c_4[$	n_3	f_3	x_3
⋮	⋮	⋮	⋮
$[c_n, c_{n+1}[$	n_n	f_n	x_n
	n	1	

À quoi sert la correction de Sheppard?

CORRIGÉ :

Déterminons à quoi sert la correction de Sheppard :

Lorsque nous sommes en présence d'une distribution statistique d'une variable continue, nous savons que le groupement des données dans une classe introduit un biais dans la mesure où les observations ne sont pas uniformément réparties.

Pour y remédier c'est-à-dire pour corriger ce biais, nous pouvons utiliser les formules de Sheppard.

Soit « a » l'amplitude de classe qui est constante, nous avons :

$$\bullet\ \mu_2 \approx \mu_2 \text{ calculé } -\frac{a^2}{12}$$

$$\bullet\ \mu_3 \approx \mu_3 \text{ calculé}$$

$$\bullet\ \mu_4 \approx \mu_4 \text{ calculé } -\left(\frac{a^2}{2}\right).\ \mu_2 \text{ calculé } +\frac{7a^4}{240}$$

IV
LES CARACTÉRISTIQUES DE FORME

Une distribution symétrique – Une distribution asymétrique –
Les coefficients d'asymétrie : coefficient de Yule, coefficients de Pearson et coefficient de Fisher –
Distribution fortement aplatie ou courbe platicurtique –
Distribution normalement aplatie ou courbe mésocurtique –
Distribution faiblement aplatie ou courbe leptocurtique –
Les coefficients d'aplatissement : coefficient de Pearson et coefficient de Fisher –
Le coefficient $\dfrac{Q_3 + Q_1 - 2Q_2}{Q_3 - Q_1}$.

PRÉALABLE

Ce thème ne comporte pas d'exercices d'application. En effet, ces derniers ne recèlent aucune difficulté particulière : il ne s'agit que d'applications numériques qui utilisent des outils statistiques que nous avons étudiés exhaustivement dans les trois thèmes précédents.

Par contre, toutes les questions de cours sur les caractéristiques de forme sont traitées via des exercices!

☞ EXERCICE n° 52

ÉNONCÉ :

Quelle est l'utilité de l'étude des caractéristiques de forme?

CORRIGÉ :

Déterminons l'utilité de l'étude des caractéristiques de forme :

Les caractéristiques de forme permettent de préciser l'allure de la courbe des fréquences sans avoir recours à son tracé.

Pour cela, on étudie deux mesures de la forme d'une série.

D'une part, la mesure de l'asymétrie d'une distribution statistique :

- L'asymétrie d'une distribution statistique s'étudie par rapport à une valeur centrale. Elle cherche à évaluer si la distribution est, par rapport à cette valeur centrale, plus étalée à gauche ou à droite, ou si, au contraire, les observations sont également réparties de part et d'autre de cette valeur centrale.

- L'asymétrie entraîne le fait suivant : les trois caractéristiques de tendance centrale, c'est-à-dire le mode, la médiane et la moyenne arithmétique, ne sont plus confondues au centre de cette distribution, mais s'échelonnent dans un ordre différent selon que la distribution est étalée vers la gauche (ou oblique à droite) ou vers la droite (ou oblique à gauche).

- Différents coefficients (nombres sans dimension) permettent d'évaluer cette asymétrie et trouvent leur principal intérêt dans le cadre de comparaisons de distributions.

- Enfin, il est bon de noter que ces coefficients ne sont valables que si la distribution contient un nombre assez élevé d'observations et ne présente qu'un seul mode.

- Graphiquement nous pouvons ainsi distinguer trois cas :

  - Distribution symétrique :

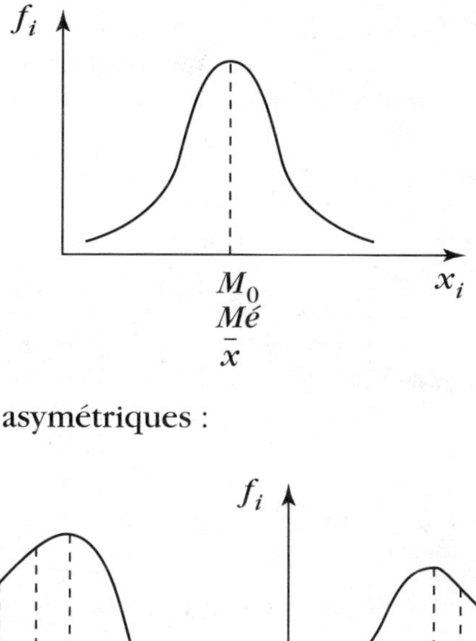

  - Distributions asymétriques :

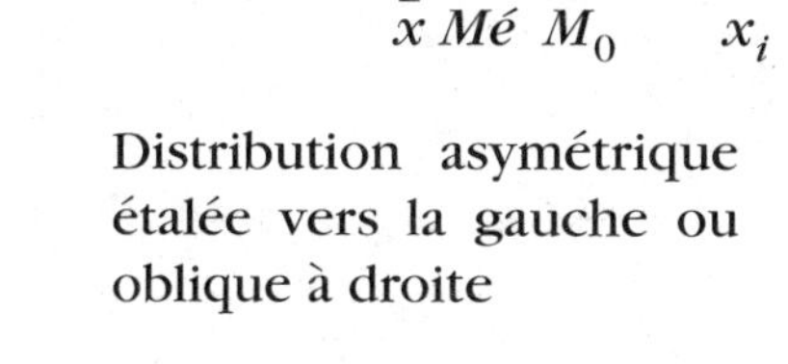

Distribution asymétrique étalée vers la gauche ou oblique à droite

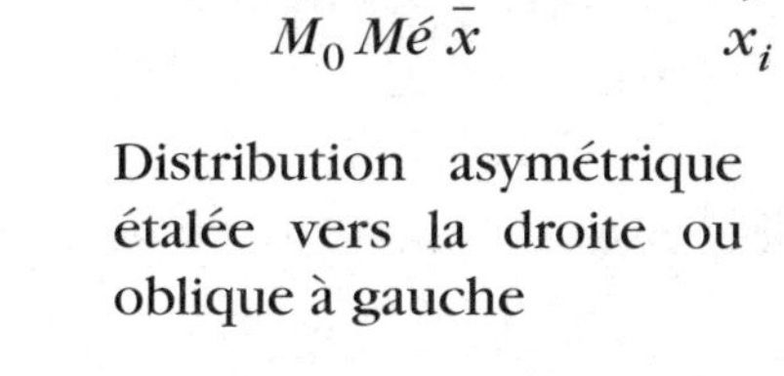

Distribution asymétrique étalée vers la droite ou oblique à gauche

D'autre part, la mesure de l'aplatissement d'une distribution statistique :

- Une distribution statistique peut être plus ou moins aplatie selon qu'une proportion plus ou moins grande des observations est proche de son mode. En effet, plus une forte proportion des individus prendra une valeur proche de celle du mode de la distribution, plus l'aplatissement sera faible.

- Graphiquement nous pouvons distinguer trois cas :

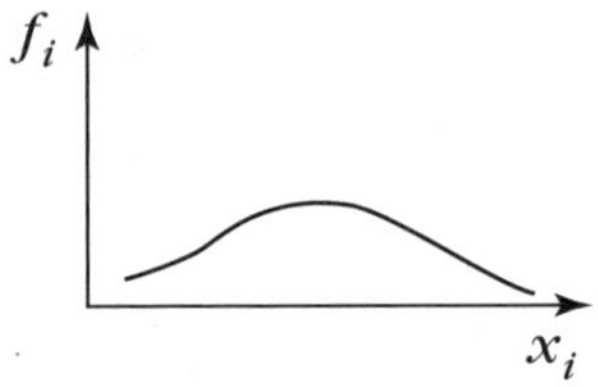

Distribution fortement aplatie ou courbe platicurtique.

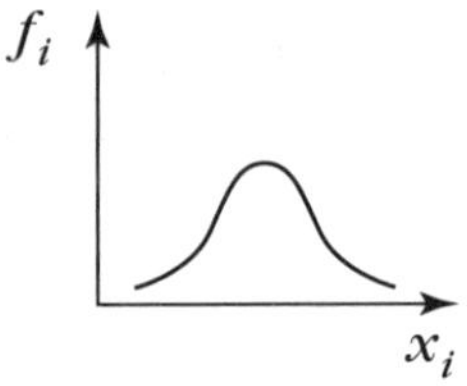

Distribution normalement aplatie ou courbe mésocurtique.

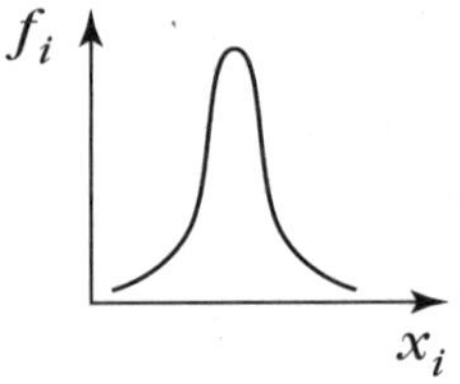

Distribution faiblement aplatie ou courbe leptocurtique.

☞ EXERCICE n° 53

ÉNONCÉ :

1. **Définir le coefficient d'asymétrie de Yule et déterminer les conséquences de sa valeur sur l'asymétrie de la distribution.**

2. **Même question en ce qui concerne les coefficients d'asymétrie de Pearson.**

3. **Même question en ce qui concerne le coefficient d'asymétrie de Fisher.**

CORRIGÉ :

(1) **Définissons le coefficient d'asymétrie de Yule et déterminons les conséquences de sa valeur sur l'asymétrie de la distribution :**

Le coefficient d'asymétrie de Yule nous est donné par la formule :

$$\boxed{C_Y = \frac{(Q_3 - Q_2) - (Q_2 - Q_1)}{(Q_3 - Q_1)}}.$$

Les conséquences de la valeur de *CY* sur l'asymétrie de la distribution sont :

- Si $C_Y = 0$, la distribution est dite symétrique.
- Si $C_Y > 0$, la distribution est asymétrique étalée vers la droite ou oblique à gauche.
- Si $C_Y < 0$, la distribution est asymétrique étalée vers la gauche ou oblique à droite.

(2) **Définissons les coefficients d'asymétrie de Pearson et déterminons les conséquences de sa valeur sur l'asymétrie de la distribution :**

Les coefficients d'asymétrie de Pearson sont au nombre de deux :

(a) Le premier C_{p1} nous est donné par la formule :

$$\boxed{C_{p1} = \frac{\bar{x} - M_0}{\sigma_x}}.$$

Les conséquences de la valeur de C_{p1} sur l'asymétrie de la distribution sont :

- Si $C_{p1} = 0$, la distribution est dite symétrique.
- Si $C_{p1} > 0$, la distribution est asymétrique étalée vers la droite ou oblique à gauche.
- Si $C_{p1} < 0$, la distribution est asymétrique étalée vers la gauche ou oblique à droite.

(b) <u>Le second C_{p2} nous est donné par la formule :</u>

$$\boxed{C_{p2} = \frac{\mu_3^2}{\mu_2^3}} \quad \text{ou} \quad \boxed{C_{p2} = \frac{\mu_3^2}{[V(x)]^3}}.$$

Les conséquences de la valeur de C_{p2} sur l'asymétrie de la distribution sont :

- Si $C_{p2} = 0$, la distribution est dite symétrique.
- Si $C_{p2} > 0$, la distribution est asymétrique étalée vers la droite (ou oblique à gauche) ou étalée vers la gauche (ou oblique à droite).

(3) **Définissons le coefficient d'asymétrie de Fisher et déterminons les conséquences de sa valeur sur l'asymétrie de la distribution :**

Le coefficient d'asymétrie de Fisher nous est donné par la formule :

$$\boxed{C_F = (C_{p2})^{\frac{1}{2}}} \quad \text{ou} \quad \boxed{C_F = \frac{\mu_3}{[\sigma_x]^3}}.$$

Les conséquences de la valeur de C_F sur l'asymétrie de la distribution sont :

- Si $C_F = 0$, la distribution est dite symétrique.
- Si $C_F > 0$, la distribution est asymétrique étalée vers la droite (ou oblique à gauche) ou étalée vers la gauche (ou oblique à droite).

☞ EXERCICE n° 54

ÉNONCÉ :

(1) **Définir le coefficient d'aplatissement de Pearson et déterminer les conséquences de sa valeur sur le degré d'aplatissement de la distribution.**

(2) **Même question en ce qui concerne le coefficient d'aplatissement de Fisher.**

CORRIGÉ :

① **Définissons le coefficient d'aplatissement de Pearson et déterminons les conséquences de sa valeur sur le degré d'aplatissement de la distribution :**

Le coefficient d'aplatissement de Pearson nous est donné par la formule :

$$\boxed{CAP = \frac{\mu_4}{[\sigma(x)]^4}}.$$

Les conséquences de la valeur de CAP sur le degré d'aplatissement de la distribution sont :

- Si $CAP = 3$, la distribution est normalement aplatie et la courbe est mésocurtique.
- Si $CAP > 3$, la distribution est faiblement aplatie et la courbe est leptocurtique.

  Il est bon de noter que l'aplatissement est d'autant plus faible que la valeur de CAP est grande.
- Si $CAP < 3$, la distribution est fortement aplatie et la courbe est platicurtique.

  Il est bon de noter que l'aplatissement est d'autant plus fort que la valeur de CAP est faible et proche de 1.

② **Définissons le coefficient d'aplatissement de Fisher et déterminons les conséquences de sa valeur sur le degré d'aplatissement de la distribution :**

Le coefficient d'aplatissement de Fisher nous est donné par la formule :

$$\boxed{CAF = CAP - 3}.$$

Les conséquences de la valeur de CAF sur le degré d'aplatissement de la distribution sont :

- Si $CAF = 0$, la distribution est normalement aplatie et la courbe est mésocurtique.
- Si $CAF > 0$, la distribution est faiblement aplatie et la courbe est leptocurtique.
- Si $CAF < 0$, la distribution est fortement aplatie et la courbe est platicurtique.

☞ EXERCICE n° 55

ÉNONCÉ :

① **Le coefficient** $\dfrac{Q_3 + Q_1 - 2Q_2}{Q_3 - Q_1}$ **est-il d'asymétrie ou d'aplatissement?**

② **Déterminer les conséquences de sa valeur sur la distribution.**

CORRIGÉ :

① **Le coefficient** $(Q_3 + Q_1 - 2Q_2)/(Q_3 - Q_1)$ **est-il d'asymétrie ou d'aplatissement?**

Le coefficient $\dfrac{Q_3 + Q_1 - 2Q_2}{Q_3 - Q_1}$ est un coefficient d'asymétrie.

② **Déterminons les conséquences de sa valeur sur la distribution :**

- Si $\dfrac{Q_3 + Q_1 - 2Q_2}{Q_3 - Q_1} = 0$, la distribution est dite symétrique.

- Si $\dfrac{Q_3 + Q_1 - 2Q_2}{Q_3 - Q_1} > 0$, la distribution est asymétrique étalée vers la droite ou oblique à gauche.

- Si $\dfrac{Q_3 + Q_1 - 2Q_2}{Q_3 - Q_1} < 0$, la distribution est asymétrique étalée vers la gauche ou oblique à droite.

V
LES CARACTÉRISTIQUES DE CONCENTRATION

Introduction à la notion de concentration – La détermination de la concentration par le calcul et graphiquement – La médiale – L'écart médiale-médiane – Le rapport écart médiale-médiane sur intervalle de variation – La courbe de concentration ou courbe de Gini ou courbe de Lorenz – Calcul de l'indice de concentration de Gini par la méthode analytique.

☞ EXERCICE n° 56

ÉNONCÉ :

Quelles sont les hypothèses de la notion de concentration?

CORRIGÉ :

Déterminons les hypothèses de la notion de concentration :

La notion de concentration a été introduite à propos des distributions de salaires et de revenus. Cette notion est apparentée à celle de dispersion puisqu'elle concerne l'intensité du groupement des données. Elle ne s'applique qu'à des variables continues à valeurs positives, et qu'aux ensembles statistiques dont chaque élément est affecté d'un caractère susceptible d'addition. Ainsi un ensemble d'individus ou d'unités de production classé selon la fortune, le revenu, les salaires versés ou les salaires occupés, le chiffre d'affaire, la surface exploitée, etc.

Dans ces conditions, il est possible de classer ces unités :

- selon leur nombre,
- selon l'importance du caractère possédé.

La notion de concentration ne peut pas s'appliquer, par exemple, à des ensembles d'individus classés selon l'âge, la taille ou le poids, puisque la somme des âges, des tailles ou des poids d'une population est sans signification.

Enfin, il existe deux méthodes de détermination de la concentration :

- par la calcul,
- par les graphes.

☞ EXERCICE n° 57

ÉNONCÉ :

① **Expliquer la méthode de détermination de la concentration par le calcul.**

② **Expliquer la méthode de détermination de la concentration par le graphe.**

CORRIGÉ :

① **Expliquons la méthode de détermination de la concentration par le calcul :**

Pour déterminer la concentration par le calcul, nous devons suivre cinq étapes.

- **Étape n° 1** : on construit le tableau suivant :

Modalités ou classes	Effectifs ou fréquences absolues n_i	Fréquences relatives $f_i = \frac{n_i}{n}$	Centres des classes x_i

$P = F(x)$	$n_i \cdot x_i$	$\frac{n_i x_i}{\sum_{i=1}^{n} n_i x_i}$	$Q = F(n, x) = \sum_{i=1}^{n} \left(\frac{n_i x_i}{\sum_{i=1}^{n} n_i x_i} \right)$

Il est bon de noter que : $n = \sum_{i=1}^{n} n_i$.

- **Étape n° 2** : on calcule la médiane *Me* de la distribution statistique.
- **Étape n° 3** : on calcule la médiale *Ml* de la distribution statistique.
- **Étape n° 4** : on calcule l'écart médiale-médiane c'est-à-dire :

$$\boxed{\Delta M = Ml - Me}.$$

- **Étape n° 5** : on calcule le rapport $\boxed{\dfrac{\Delta M}{\text{Intervalle de variation}}}$ et on conclut sur la concentration.

En effet si :
- si ΔM est grand par rapport à l'intervalle de variation, la concentration est forte.
- si ΔM est petit par rapport à l'intervalle de variation, la concentration est faible.
- si ΔM est nul, il y a absence de concentration ou situation d'égalité parfaite.

(2) Expliquons la méthode de détermination de la concentration par le graphe :

Pour déterminer la concentration graphiquement, nous devons suivre trois étapes et éventuellement une quatrième !

- **Étape n° 1** : On construit le tableau suivant :

Modalités ou classes	Effectifs ou fréquences absolues n_i	Fréquences relatives $f_i = \dfrac{n_i}{n}$	Centres des classes x_i

$P = F(x)$	$n_i \cdot x_i$	$\dfrac{n_i x_i}{\sum_{i=1}^{n} n_i x_i}$	$Q = F(n, x) = \sum_{i=1}^{n} \left(\dfrac{n_i x_i}{\sum_{i=1}^{n} n_i x_i} \right)$

Il est bon de noter que : $n = \sum_{i=1}^{n} n_i$.

- **Étape n° 2** : On trace sur un repère orthonormé, ayant pour abscisses « *P* » et pour ordonnées « *Q* », d'une part la première bissectrice et d'autre part la courbe de concentration ou courbe de Gini ou courbe de Lorenz :

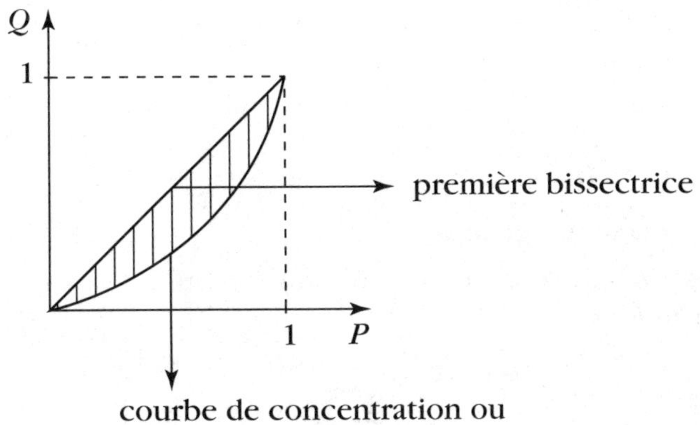

Il est bon de noter que la zone hachurée correspond à l'aire de concentration.

- **Étape n° 3** : On conclut sur la concentration.

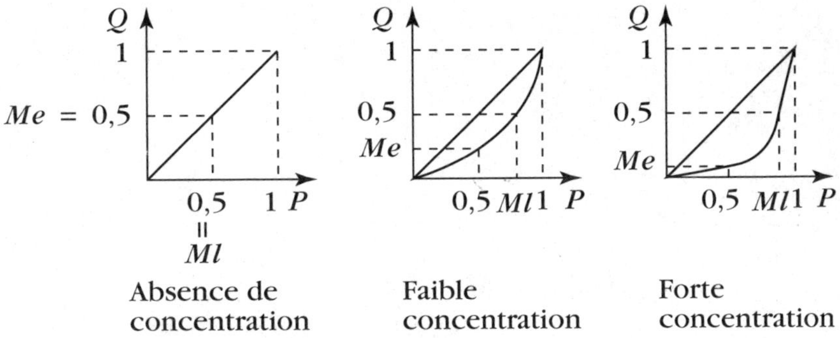

- **Étape n° 4** : On calcule éventuellement l'indice de concentration de Gini.

Pour cela deux méthodes sont possibles :

- 1ère méthode :

Soit I, l'indice de concentration de Gini, nous avons :

$$\boxed{I = (2 \times \text{aire de concentration})}.$$

Cela étant pour calculer l'aire de concentration, il est nécessaire que le graphique soit représenté parfaitement sur du papier millimétré. Or cela n'est pas évident!

D'où la seconde méthode ou méthode analytique.

- 2e méthode :

C'est la méthode analytique.

Soit I, l'indice de concentration de Gini, il nous est donné par la formule :

$$\boxed{I = \frac{\sum_i \sum_j |x_i - x_j| \cdot n_i \cdot n_j}{2n(n-1)\bar{x}}}.$$

(voir l'exercice n° 60 comme application de la méthode analytique).

☞ EXERCICE n° 58

ÉNONCÉ :

Soit la distribution statistique donnant le nombre d'exploitations agricoles par classe de surface en hectares :

Modalités ou classes (en hectares)	Effectifs ou fréquences absolues n_i
[0, 10[	4
[10, 20[	3
[20, 30[	2
[30, 40[	1

(1) Étudier la concentration par le calcul.

(2) Même question mais graphiquement.

CORRIGÉ :

(1) Étudions la concentration par le calcul :

Pour déterminer la concentration par le calcul, nous devons suivre cinq étapes.

ⓐ <u>Étape n° 1</u> : on construit le tableau suivant :

Modalités ou classes (en hectares)	Effectifs ou fréquences absolues n_i	Fréquences relatives $f_i = \frac{n_i}{n}$	Centres des classes x_i
[0, 10[	4	0,4	5
[10, 20[	3	0,3	15
[20, 30[	2	0,2	25
[30, 40[	1	0,1	35
	$n = 10$	1	

Modalités ou classes (en hectares)	$P = F(x)$	$n_i \cdot x_i$	$\frac{n_i x_i}{\sum_{i=1}^{n} n_i x_i}$	$Q = F(n, x)$
[0, 10[	0,4	20	0,13333	0,13333
[10, 20[	0,7	45	0,3	0,43333
[20, 30[	0,9	50	0,33333	0,76666
[30, 40[	1 ↓	35	0,23334	1
	« moins de »	150	1	

ⓑ <u>Étape n° 2</u> : on calcule la médiane *Me* de la distribution statistique.

La population comprend 10 exploitations agricoles. La classe médiane est la classe de valeurs de la variable (surface en hectares) contenant la médiane.
La médiane est la valeur de la variable (surface en hectares) qui partage ces 10 exploitations agricoles en deux sous-ensembles de 5.
Nous recherchons donc dans la colonne $F(x)$ le nombre 0,5.
Or ce nombre apparaît entre deux lignes du tableau :
la classe [0, 10[et la classe [10, 20[.

Par convention, nous retiendrons comme classe médiane, la classe [10, 20[.

Au total, la classe médiane est : $I = [10, 20[$.

Soit I la classe médiane. Posons $I = [C_i, C_{i+1}[$.

Soient a_i l'amplitude de la classe médiane, f_i la fréquence relative correspondante et $F(x_{i-1})$ la valeur de la fréquence cumulée relative ascendante de la classe $[C_{i-1}, C_i[$.

En faisant, l'hypothèse d'équirépartition des données, nous savons que, par interpolation linéaire, la médiane nous est donnée par la formule :

$$\boxed{Me = C_i + a_i \cdot \left[\frac{0{,}5 - F(x_{i-1})}{f_i}\right]}.$$

Application numérique :

$$Me = 10 + 10 \cdot \left[\frac{0{,}5 - 0{,}4}{0{,}3}\right] \Rightarrow Me \approx 13{,}333.$$

Au total, la médiane est : $Me \approx 13{,}333$.

(c) Étape n° 3 : on calcule la médiale Ml de la distribution statistique.

La médiale est la valeur de la variable telle que la moitié de la masse du caractère, c'est-à-dire $n_i \cdot x_i$, lui soit inférieure.

De plus, la classe médiale est la classe de valeurs de la variable (surface en hectares) contenant la médiale.

Nous avons : $\sum_{i=1}^{n} n_i x_i = 150$; dans ces conditions, la médiale est la valeur de la variable (surface en hectares) qui partage ces « 150 » en deux sous-ensembles de 75.

Nous recherchons donc dans la colonne $Q = F(n, x)$ le nombre 0,5.

Or ce nombre apparaît entre deux lignes du tableau :

la classe [10, 20[et la classe [20, 30[.

Par convention, nous retiendrons comme classe médiale, la classe [20, 30[.

Au total, la classe médiale est : $I = [20, 30[$.

Soit I la classe médiale. Posons $I = [C_i, C_{i+1}[$.

Soient a_i l'amplitude de la classe médiale, $\dfrac{n_i x_i}{\sum_{i=1}^{n} n_i x_i}$ la fréquence relative des $n_i x_i$ correspondante et $F(n_{i-1}, x_{i-1})$ la valeur de la fréquence cumulée relative ascendante des $n_i x_i$ de la classe $[C_{i-1}, C_i[$.

En faisant, l'hypothèse d'équirépartition des données, nous savons que, par interpolation linéaire, la médiale nous est donnée par la formule :

$$\boxed{Ml = C_i + a_i \cdot \left[\frac{0{,}5 - F(n_{i-1}, x_{i-1})}{\dfrac{n_i x_i}{\sum_{i=1}^{n} n_i x_i}} \right]}.$$

Application numérique :

$$Ml = 20 + 10 \cdot \left[\frac{0{,}5 - 0{,}43333}{0{,}33333} \right] \Rightarrow Ml = 22.$$

Au total, la médiale est : $Ml = 22$.

Il est bon de noter que la médiale est toujours supérieure ou égale à la médiane.

(d) Étape n° 4 : on calcule l'écart médiale-médiane.

L'écart médiale-médiane nous est donné par la formule :

$$\boxed{\Delta M = Ml - Me}.$$

Application numérique :

$$\Delta M = 22 - 13{,}333 \Rightarrow \Delta M \approx 8{,}667.$$

Au total, l'écart médiale-médiane est : $\Delta M \approx 8{,}667$.

(e) Étape n° 5 : on calcule le rapport ΔM sur l'intervalle de variation et on conclut sur la concentration.

Nous savons que l'intervalle de variation ou étendue ou range est la différence entre la plus grande et la plus petite des valeurs observées.

C'est donc la différence entre les deux valeurs extrêmes.

Application numérique :

Intervalle de variation = 40 - 0 $\Rightarrow$ Intervalle de variation = 40.
Au total, l'intervalle de variation est : Intervalle de variation = 40.

Dans ces conditions, nous avons : $\dfrac{\Delta M}{\text{Intervalle de variation}} \approx \dfrac{8{,}667}{40}$

$$\Rightarrow \frac{\Delta M}{\text{Intervalle de variation}} \approx 21{,}667\ \%.$$

En conclusion, nous pouvons affirmer que la concentration est faible de l'ordre de 21,667 %.

(2) **Étudions la concentration graphiquement :**

Pour déterminer la concentration graphiquement, nous devons suivre trois étapes. Or l'étape n° 1 correspond à l'étape n° 1 de la question précédente (construction du tableau).

Dans ces conditions, nous pouvons passer directement à la seconde étape !

(a) Étape n° 2 : on trace sur un repère orthonormé, ayant pour abscisses « *P* » et pour ordonnées « *Q* », d'une part la première bissectrice et d'autre part la courbe de concentration ou courbe de Gini ou courbe de Lorenz.

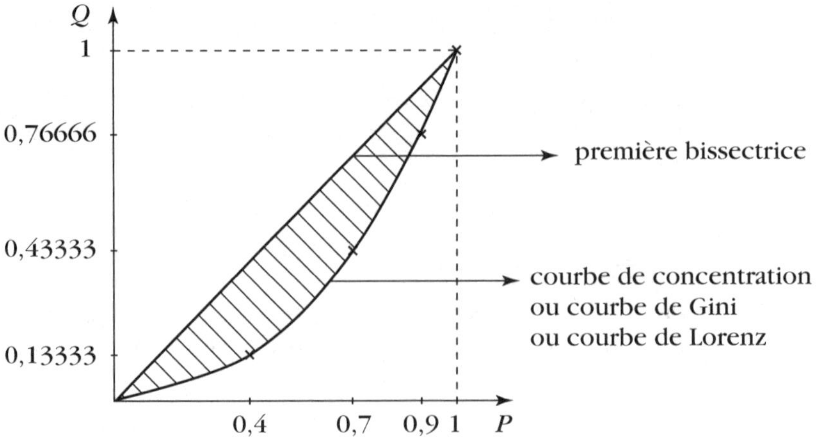

Il est bon de noter que la zone hachurée correspond à l'aire de concentration.

(b) Étape n° 3 : on conclut sur la concentration.

Le graphique que nous venons de tracer confirme une faible concentration.

☞ EXERCICE n° 59

ÉNONCÉ :

Soit la distribution statistique donnant un échantillon de 43 salariés selon leurs classes de salaire exprimé en milliers de francs :

Modalités ou classes (en 10^3 F)	**Effectifs ou fréquences absolues n_i**
[4, 6[	**5**
[6, 8[	**8**
[8, 10[	**12**
[10, 12[	**10**
[12, 14[	**8**

(1) **Étudier la concentration par le calcul.**

(2) **Si l'effectif de la classe [8, 10[est désormais égal à 169, que peut-on dire de la concentration des salaires ?**

CORRIGÉ :

(1) **Étudions la concentration par le calcul :**

Pour déterminer la concentration par le calcul, nous devons suivre cinq étapes.

(a) <u>Étape n° 1</u> : on construit le tableau suivant :

Modalités ou classes (en 10^3 F)	Effectifs ou fréquences absolues n_i	Fréquences relatives $f_i = \frac{n_i}{n}$	Centres des classes x_i
[4, 6[	5	0,116	5
[6, 8[	8	0,186	7
[8, 10[	12	0,279	9
[10, 12[	10	0,232	11
[12, 14[	8	0,187	13
	$n = 43$	1	

Modalités ou classes (en 10^3 F)	$P = F(x)$	$n_i \cdot x_i$	$\frac{n_i x_i}{\sum_{i=1}^{n} n_i x_i}$	$Q = F(n, x)$
[4, 6[	0,116	25	0,062	0,062
[6, 8[	0,302	56	0,139	0,201
[8, 10[	0,581	108	0,268	0,469
[10, 12[	0,813	110	0,273	0,742
[12, 14[	1 ↓	104	0,258	1
	« moins de »	403	1	

(b) <u>Étape n° 2</u> : on calcule la médiane *Me* de la distribution statistique.

La population comprend 43 salariés. La classe médiane est la classe de valeurs de la variable (salaire en 10^3 F) contenant la médiane.
La médiane est la valeur de la variable (salaire en 10^3 F) qui partage ces 43 salariés en deux sous-ensembles de 21,5.
Nous recherchons donc dans la colonne $F(x)$ le nombre 0,5.
Or ce nombre apparaît entre deux lignes du tableau : la classe [6, 8[et la classe [8, 10[.
Par convention, nous retiendrons comme classe médiane, la classe [8, 10[.
Au total, la classe médiane est : $I = [8, 10[$.
Soit I la classe médiane. Posons $I = [C_i, C_{i+1}[$.
Soient a_i l'amplitude de la classe médiane, f_i la fréquence relative correspondante et $F(x_{i-1})$ la valeur de la fréquence cumulée relative ascendante de la classe $[C_{i-1}, C_i[$.
En faisant, l'hypothèse d'équirépartition des données, nous savons que, par interpolation linéaire, la médiane nous est donnée par la formule :

$$\boxed{Me = C_i + a_i \cdot \left[\frac{0{,}5 - F(x_{i-1})}{f_i}\right]}.$$

<u>Application numérique :</u>

$$Me = 8 + 2 \cdot \left[\frac{0{,}5 - 0{,}302}{0{,}279}\right] \Rightarrow Me \approx 9{,}42.$$

Au total, la médiane est : $Me \approx 9\,420$ F.

(c) <u>Étape n° 3</u> : on calcule la médiale *Ml* de la distribution statistique.

La médiale est la valeur de la variable telle que la moitié de la masse du caractère, c'est-à-dire $n_i x_i$, lui soit inférieure.
De plus, la classe médiale est la classe de valeurs de la variable (salaire en 10^3 F) contenant la médiale.

Nous avons : $\sum_{i=1}^{n} n_i x_i = 403$; dans ces conditions, la médiale est la valeur de la variable (salaire en 10^3 F) qui partage ces « 403 » en deux sous-ensembles de 201,5.

Nous recherchons donc dans la colonne $Q = F(n,x)$ le nombre 0,5. Or ce nombre apparaît entre deux lignes du tableau : la classe [8, 10[et la classe [10, 12[.

Par convention, nous retiendrons comme classe médiale, la classe [10, 12[.

Au total, la classe médiale est : $I = [10, 12[$.

Soit I la classe médiale. Posons $I = [C_i, C_{i+1}[$.

Soient a_i l'amplitude de la classe médiale, $\dfrac{n_i x_i}{\sum_{i=1}^{n} n_i x_i}$ la fréquence relative des $n_i x_i$ correspondante et $F(n_{i-1}, x_{i-1})$ la valeur de la fréquence cumulée relative ascendante des $n_i x_i$ de la classe $[C_{i-1}, C_i[$.

En faisant, l'hypothèse d'équirépartition des données, nous savons que, par interpolation linéaire, la médiale nous est donnée par la formule :

$$Ml = C_i + a_i \cdot \left[\frac{0{,}5 - F(n_{i-1}, x_{i-1})}{\dfrac{n_i x_i}{\sum_{i=1}^{n} n_i x_i}} \right].$$

Application numérique :

$$Ml = 10 + 2 \cdot \left[\frac{0{,}5 - 0{,}469}{0{,}273} \right] \Rightarrow Ml \approx 10{,}227.$$

Au total, la médiale est : $Ml \approx 10227$ F.

Il est bon de noter que la médiale est toujours supérieure ou égale à la médiane.

(d) Étape n° 4 : on calcule l'écart médiale-médiane.

L'écart médiale-médiane nous est donné par la formule :

$$\Delta M = Ml - Me.$$

***Application numérique* :**

$$\Delta M \approx 10\ 227 - 9\ 420 \Rightarrow \Delta M \approx 807 \text{ F}.$$

Au total, l'écart médiale-médiane est : $\Delta M \approx 807$ F.

(e) Étape n° 5 : on calcule le rapport ΔM sur l'intervalle de variation et on conclut sur la concentration.

Nous savons que l'intervalle de variation ou étendue ou range est la différence entre la plus grande et la plus petite des valeurs observées.

C'est donc la différence entre les deux valeurs extrêmes.

***Application numérique* :**

Intervalle de variation = 14 000 - 4 000

$\Rightarrow$ Intervalle de variation = 10 000 F.

Au total,

l'intervalle de variation est : Intervalle de variation = 10 000 F.

Dans ces conditions, nous avons : $\dfrac{\Delta M}{\text{Intervalle de variation}} \approx \dfrac{807}{10\ 000}$

$$\Rightarrow \frac{\Delta M}{\text{Intervalle de variation}} \approx 8{,}07\ \%.$$

En conclusion, nous pouvons affirmer que la concentration est faible de l'ordre de 8,07 %.

(2) Que pouvons-nous dire sur la concentration des salaires si l'effectif de la classe [8, 10[est désormais égal à 169?

Pour déterminer la concentration des salaires par le calcul, nous devons suivre cinq étapes.

(a) Étape n° 1 : on construit le tableau suivant :

Modalités ou classes (en 10^3 F)	Effectifs ou fréquences absolues n_i	Fréquences relatives $f_i = \frac{n_i}{n}$	Centres des classes x_i
[4, 6[	5	0,025	5
[6, 8[	8	0,04	7
[8, 10[	169	0,845	9
[10, 12[	10	0,05	11
[12, 14[	8	0,04	13
	$n = 200$	1	

Modalités ou classes (en 10^3 F)	$P = F(x)$	$n_i \cdot x_i$	$\frac{n_i x_i}{\sum_{i=1}^{n} n_i x_i}$	$Q = F(n, x)$
[4, 6[	0,025	25	0,0138	0,0138
[6, 8[	0,065	56	0,0308	0,0446
[8, 10[	0,91	1 521	0,8375	0,8821
[10, 12[	0,96	110	0,0605	0,9426
[12, 14[	1 ↓	104	0,0574	1
	« moins de »	1 816	1	

(b) Étape n° 2 : on calcule la médiane *Me* de la distribution statistique.

La population comprend 200 salariés. La classe médiane est la classe de valeurs de la variable (salaire en 10^3 F) contenant la médiane.

La médiane est la valeur de la variable (salaire en 10^3 F) qui partage ces 200 salariés en deux sous-ensembles de 100.

Nous recherchons donc dans la colonne $F(x)$ le nombre 0,5.

Or ce nombre apparaît entre deux lignes du tableau : la classe $[6, 8[$ et la classe $[8, 10[$.

Par convention, nous retiendrons comme classe médiane, la classe $[8, 10[$.

Au total, la classe médiane est : $I = [8, 10[$.

Soit I la classe médiane. Posons $I = [C_i, C_{i+1}[$.

Soient a_i l'amplitude de la classe médiane, f_i la fréquence relative correspondante et $F(x_{i-1})$ la valeur de la fréquence cumulée relative ascendante de la classe $[C_{i-1}, C_i[$.

En faisant, l'hypothèse d'équirépartition des données, nous savons que, par interpolation linéaire, la médiane nous est donnée par la formule :

$$\boxed{Me = C_i + a_i \cdot \left[\frac{0{,}5 - F(x_{i-1})}{f_i}\right]}.$$

<u>Application numérique :</u>

$$Me = 8 + 2 \cdot \left[\frac{0{,}5 - 0{,}065}{0{,}845}\right] \Rightarrow Me \approx 9{,}03.$$

Au total, la médiane est : $Me \approx 9\ 030$ F.

(c) <u>Étape n° 3</u> : on calcule la médiale Ml de la distribution statistique.

La médiale est la valeur de la variable telle que la moitié de la masse du caractère, c'est-à-dire $n_i x_i$, lui soit inférieure.

De plus, la classe médiale est la classe de valeurs de la variable (salaire en 10^3 F) contenant la médiale.

Nous avons : $\sum_{i=1}^{n} n_i x_i = 1\ 816$; dans ces conditions, la médiale est la valeur de la variable (salaire en 10^3 F) qui partage ces « 1 816 » en deux sous-ensembles de 908.

Nous recherchons donc dans la colonne $Q = F(n, x)$ le nombre 0,5.

Or ce nombre apparaît entre deux lignes du tableau : la classe [6, 8[et la classe [8, 10[.

Par convention, nous retiendrons comme classe médiale, la classe [8, 10[.

Au total, la classe médiale est : $I = [8, 10[$.

Soit I la classe médiale. Posons $I = [C_i, C_{i+1}[$.

Soient a_i l'amplitude de la classe médiale, $\frac{n_i x_i}{\sum_{i=1}^{n} n_i x_i}$ la fréquence relative des $n_i x_i$ correspondante et $F(n_{i-1}, x_{i-1})$ la valeur de la fréquence cumulée relative ascendante des $n_i x_i$ de la classe $[C_{i-1}, C_i[$.

En faisant, l'hypothèse d'équirépartition des données, nous savons que, par interpolation linéaire, la médiale nous est donnée par la formule :

$$\boxed{Ml = C_i + a_i \cdot \left[\frac{0{,}5 - F(n_{i-1}, x_{i-1})}{\frac{n_i x_i}{\sum_{i=1}^{n} n_i x_i}} \right]}.$$

Application numérique :

$$Ml = 8 + 2 \cdot \left[\frac{0{,}5 - 0{,}0446}{0{,}8375} \right] \Rightarrow Ml \approx 9{,}08.$$

Au total, la médiale est : $Ml \approx 9\,080$ F.

Il est bon de noter que la médiale est toujours supérieure ou égale à la médiane.

(d) <u>Étape n° 4</u> : on calcule l'écart médiale-médiane.

L'écart médiale-médiane nous est donné par la formule :

$$\boxed{\Delta M = Ml - Me}\,.$$

Application numérique :

$$\Delta M \approx 0.$$

Au total, l'écart médiale-médiane est pratiquement nul.
Dans ces conditions, sans avoir recours à l'étape n° 5, nous pouvons affirmer que la concentration est nulle et qu'il y a donc équirépartition presque parfaite : la courbe de concentration ou courbe de Gini ou courbe de Lorenz se confond alors avec la première bissectrice !

☞ EXERCICE n° 60

ÉNONCÉ :

Soit la distribution statistique donnant un échantillon de 24 jeunes salariés en Finance selon leurs classes de salaire exprimé en milliers de francs :

Modalités ou classes (en 10^3 F)	**Effectifs ou fréquences absolues n_i**
[150, 160[	**6**
[160, 170[	**7**
[170, 180[	**8**
[180, 190[	**2**
[190, 200[	**1**

Calculer l'indice de concentration de Gini par la méthode analytique.

CORRIGÉ :

Calculons l'indice de concentration de Gini par la méthode analytique :

Soit I, l'indice de concentration de Gini, il nous est donné par la formule : $$I = \frac{\sum_i \sum_j |x_i - x_j| \cdot n_i \cdot n_j}{2n(n-1)\bar{x}}.$$

Pour calculer cet indice, nous devons suivre trois étapes.

(a) <u>Étape n° 1</u> : on construit le tableau suivant :

Modalités ou classes (en 10^3 F)	Effectifs ou fréquences absolues n_i	Centres des classes x_i
[150, 160[	6	155
[160, 170[	7	165
[170, 180[	8	175
[180, 190[	2	185
[190, 200[	1	195
	$n = 24$	

(b) <u>Étape n° 2</u> : on complète le tableau suivant :

	x_j	155	165	175	185	195	Σ
x_i	n_i \ n_j	6	7	8	2	1	24
155	6	0	420	960	360	240	1 980
165	7	420	0	560	280	210	1 470
175	8	960	560	0	160	160	1 840
185	2	360	280	160	0	20	820
195	1	240	210	160	20	0	630
Σ	24	1 980	1 470	1 840	820	630	6 740

Dans ces conditions, nous avons : $\sum_i \sum_j |x_i - x_j| \cdot n_i \cdot n_j = 6\,740$ F.

ⓒ <u>Étape n° 3</u> : on calcule la moyenne arithmétique ainsi que l'indice de concentration de Gini.

Nous savons que la moyenne arithmétique, dans le cas d'une variable continue, nous est donnée par la formule :

$$\boxed{\bar{x} = \frac{\sum_{i=1}^{n} n_i x_i}{n}}$$, les x_i étant les centres des classes.

<u>Application numérique :</u>

$$\bar{x} = \frac{(6 \times 155) + (7 \times 165) + (8 \times 175) + (2 \times 185) + (1 \times 195)}{24}$$

$$\Rightarrow \bar{x} = 168{,}75 \text{ F.}$$

Au total, la moyenne arithmétique est : $\bar{x} = 168{,}75$ F.

Or $n = 24$ et $I = \dfrac{\sum_i \sum_j |x_i - x_j| \cdot n_i \cdot n_j}{2n(n-1)\bar{x}}$.

<u>Application numérique :</u>

$$I = \frac{6\,740}{2 \cdot 24 \cdot 23 \cdot 168{,}75} \Rightarrow I \approx 0{,}036.$$

Au total, l'indice de concentration de Gini est : $\boxed{I \approx 0{,}036}$.

VI
LES INDICES ET LES TAUX DE CROISSANCE

Indices élémentaires – Propriétés des indices élémentaires : la circularité, la réversibilité et le produit de deux variables – La notion d'indice arithmétique simple et celle d'indice arithmétique pondéré – Les indices synthétiques – Les coefficients budgétaires – Les indices de Laspeyres, de Paasche, de Fisher et leurs propriétés respectives – Les taux de croissance : le taux de croissance simple, le multiplicateur, le taux de croissance moyen, le taux de croissance global, le taux de croissance d'un produit de variables et le taux de croissance d'un rapport de variables.

☞ EXERCICE n° 61

ÉNONCÉ :

① **Donner la définition d'un indice élémentaire ainsi qu'un exemple.**

② **Quelles sont les propriétés des indices élémentaires?**
Illustrer chaque propriété à l'aide d'un exemple.

CORRIGÉ :

① **Donnons la définition d'un indice élémentaire ainsi qu'un exemple :**

On appelle indice élémentaire, le nombre sans dimension résultant du rapport de deux valeurs prises par une même grandeur simple, soit à deux dates différentes, soit sur deux espaces différents.

Il est bon de remarquer qu'un indice élémentaire ne peut suivre l'évolution que d'une seule variable : soit l'évolution du prix dans le temps, c'est alors un indice temporel, soit l'évolution des différences de prix par département à un moment donné, c'est alors un indice spatial.

Enfin, un indice se calcule à partir d'une donnée de base ou de référence qui sert de base aux calculs. L'indice correspondant à cette donnée initiale est 100.

Dans le cas d'un indice temporel, cette donnée de base s'appelle date de base ou date de référence; dans celui d'un indice spatial, cette donnée s'appelle situation de base ou situation de référence.

Ainsi, soient V_t la valeur de la variable à la date courante « t » (ou situation courante dans le cas d'indice spatial), et V_0 la valeur de la variable à la date de base « 0 » (ou situation de base dans le cas d'indice spatial), l'indice élémentaire de la variable entre la situation « 0 » et la situation « t » est :

$$\boxed{I_{t/0} = 100 \cdot \frac{V_t}{V_0}}.$$

Prenons deux exemples : un concernant un indice temporel et un concernant un indice spatial.

ⓐ Exemple d'un indice temporel :

En 1997, le prix d'une semaine au CLUB en Turquie est de 6 000 F.

En 1990 (date de base), il était de 3 000 F.

Dans ces conditions, l'indice du prix d'une semaine au CLUB en Turquie entre 1990 et 1997 est :

$$I_{1997/1990} = 100 \cdot \frac{6\,000}{3\,000} \Rightarrow I_{1997/1990} = 200.$$

Nous pouvons conclure que le prix d'une semaine au CLUB en Turquie a augmenté de 100 % entre 1990 et 1997.

ⓑ Exemple d'un indice spatial :

À Paris, le prix moyen du mètre carré est de 21 000 F.

À Marseille, il est de 7 000 F.

Dans ces conditions, l'indice du prix moyen du mètre carré entre Paris et Marseille est :

$$I_{\text{Paris/Marseille}} = 100 \cdot \frac{21\,000}{7\,000} \Rightarrow I_{\text{Paris/Marseille}} = 300.$$

Nous pouvons conclure que le prix moyen du mètre carré est trois fois plus élevé à Paris (par rapport à Marseille !).

② **Déterminons les propriétés des indices élémentaires et illustrons chaque propriété à l'aide d'un exemple :**

ⓐ La circularité :

Si une grandeur économique prend les valeurs V_0, $V_{t'}$ et V_t aux dates « 0 », « t' » et « t », nous avons :

$$\boxed{I_{t/0} = I_{t/t'} \cdot I_{t'/0} \cdot \frac{1}{100}}.$$

De la formule précédente, nous pouvons déduire que :

$$\boxed{I_{t/t'} = 100 \cdot \frac{I_{t/0}}{I_{t'/0}}}.$$

Ainsi pour comparer deux grandeurs simples entre deux dates t' et t, t' n'étant pas la date de base, il suffit de faire le rapport de leur indice !

Prenons comme exemple le prix d'une bouteille dans une discothèque :

- en 1987, le prix d'une bouteille était de 500 F (date de base);
- en 1990, il était de 800 F;
- en 1997, il est de 900 F (crise oblige !).

Déterminons $I_{1997/1990}$.

Nous savons que : $I_{1997/1990} = 100 \cdot \dfrac{I_{1997/1987}}{I_{1990/1987}}$.

Or $I_{1997/1987} = 100 \cdot \dfrac{900}{500} \Rightarrow I_{1997/1987} = 180$, soit une augmentation de 80 % du prix de la bouteille entre 1987 et 1997.

De plus, $I_{1990/1987} = 100 \cdot \dfrac{800}{500} \Rightarrow I_{1990/1987} = 160$, soit une augmentation de 60 % du prix de la bouteille entre 1987 et 1990.

Par conséquent, $I_{1997/1990} = 100 \cdot \dfrac{180}{160} \Rightarrow I_{1997/1990} = 112{,}5$, soit une augmentation de 12,5 % du prix de la bouteille en discothèque entre 1990 et 1997.

D'une manière générale, nous avons :

$$\boxed{I_{t/0} = 100 \cdot \left(\frac{I_{t/t-1}}{100} \cdot \frac{I_{t-1/t-2}}{100} \cdot \frac{I_{t-2/t-3}}{100} \cdots \frac{I_{1/0}}{100}\right)}.$$

Ⓑ <u>La réversibilité :</u>

Cette propriété se traduit par :

$$\boxed{I_{t/0} \cdot I_{0/t} = 10^4} \quad \text{ou} \quad \boxed{I_{0/t} = \frac{10^4}{I_{t/0}}}.$$

Prenons comme exemple le prix d'un « Piller » entre 1995 et 2000 :

- en 1995, le prix d'un « Piller » était de 165 F (date de base);
- en 2000, le prix d'un « Piller » est de 200 F.

Dans ces conditions,

$I_{2000/1995} = 100 \cdot \frac{200}{165} \Rightarrow I_{2000/1995} \approx 121{,}212$, soit une augmentation de 21,212 % du prix d'un « Piller » entre 1995 et 2000.

De plus, nous avons : $I_{1995/2000} = \frac{10^4}{I_{2000/1995}} \Rightarrow I_{1995/2000} \approx 82{,}5$; d'où le prix d'un « Piller » a diminué de 17,5 % entre 2000 et 1995 !

(c) <u>Le produit de deux variables et son indice élémentaire :</u>

Soient deux variables telles que : $A = T \times P$, A étant une troisième variable, nous avons :

$$\boxed{I_{t/0}(A) = I_{t/0}(T) \times I_{t/0}(P) \times \frac{1}{100}}.$$

Prenons comme exemple le chiffre d'affaire d'une entreprise.

Nous savons que le chiffre d'affaire CA est égal au produit du prix de l'output P par les quantités d'output vendues Q : $\text{CA} = P \times Q$.

Si de 1990 à 1997, le prix de l'output passe de 300 F à 450 F et les quantités d'output vendues passent de 4 500 unités à 6 000 unités, alors :

- $I_{1997/1990}(P) = 100 \cdot \frac{450}{300} \Rightarrow I_{1997/1990}(P) = 150$;
- $I_{1997/1990}(Q) = 100 \cdot \frac{6\,000}{4\,500} \Rightarrow I_{1997/1990}(Q) \approx 133{,}333$.

Dans ces conditions, $I_{1997/1990}(\text{CA}) \approx 199{,}999$, soit une augmentation de 99,999 % du chiffre d'affaire de l'entreprise entre 1990 et 1997.

☞ EXERCICE n° 62

ÉNONCÉ :

Le tableau suivant donne l'évolution des salaires en « KF » des métiers de la Finance entre 1987 et 1997 :

	1987	1997
Commercial (A)	**150**	**200**
Back-office (B)	**90**	**120**
Middle-office (C)	**110**	**150**
Trader (D)	**200**	**300**
Analyste Financier (E)	**180**	**240**
Gérant de portefeuilles (F)	**200**	**270**

Déterminer le métier de la Finance qui a enregistré la plus grande augmentation de salaire.

CORRIGÉ :

Déterminons le métier de la Finance qui a enregistré la plus grande augmentation de salaire :

Pour répondre à cette question, nous allons calculer, pour chaque métier de la Finance, les indices élémentaires des salaires (base 100 en 1987).

Soient V_{1997} le montant du salaire en 1997 (date courante) et V_{1987} le montant du salaire en 1987 (date de base ou date de référence), nous savons que l'indice élémentaire du salaire entre 1987 et 1997 est :

$$\boxed{I_{1997/1987} = 100 \cdot \frac{V_{1997}}{V_{1987}}}.$$

Application numérique :

- $I_{1997/1987}(A) = 100 \cdot \frac{200}{150} \Rightarrow I_{1997/1987}(A) \approx 133{,}333.$
- $I_{1997/1987}(B) = 100 \cdot \frac{120}{90} \Rightarrow I_{1997/1987}(B) \approx 133{,}333.$
- $I_{1997/1987}(C) = 100 \cdot \frac{150}{110} \Rightarrow I_{1997/1987}(C) \approx 136{,}363.$
- $I_{1997/1987}(D) = 100 \cdot \frac{300}{200} \Rightarrow I_{1997/1987}(D) = 150.$
- $I_{1997/1987}(E) = 100 \cdot \frac{240}{180} \Rightarrow I_{1997/1987}(E) \approx 133{,}333.$
- $I_{1997/1987}(F) = 100 \cdot \frac{270}{200} \Rightarrow I_{1997/1987}(F) = 135.$

Donc, le salaire du métier (A), celui du métier (B) et celui du métier (E) ont augmenté de 33,333 % entre 1987 et 1997;

le salaire du métier (F) a augmenté de 35 % entre 1987 et 1997;

le salaire du métier (C) a augmenté de 36,363 % entre 1987 et 1997;

le salaire du métier (D) a augmenté de 50 % entre 1987 et 1997.

Au total, c'est le métier de Trader qui a enregistré la plus grande augmentation de salaire.

☞ EXERCICE n° 63

ÉNONCÉ :

Une étude économétrique donne deux valeurs de l'indice élémentaire du prix du mètre carré à Paris :

$$I_{1990/1987} = 120 \quad \text{et} \quad I_{1997/1987} = 110.$$

Quelle est l'évolution du prix du mètre carré à Paris entre 1990 et 1997?

CORRIGÉ :

Déterminons l'évolution du prix du mètre carré à Paris entre 1990 et 1997 :

D'après la propriété de circularité, nous savons que si une grandeur économique prend les valeurs V_0, $V_{t'}$ et V_t aux dates « 0 », « t' » et « t », nous avons :

$$\boxed{I_{t/0} = I_{t/t'} \cdot I_{t'/0} \cdot \frac{1}{100}} \Rightarrow \boxed{I_{t/t'} = 100 \cdot \frac{I_{t/0}}{I_{t'/0}}}.$$

Or ici : $I_{1997/1987} = I_{t/0}$ et $I_{1990/1987} = I_{t'/0}$, 1987 étant la date de base ou date de référence.

***<u>Application numérique</u>* :**

$$I_{t/t'} = I_{1997/1990} \quad \text{et} \quad I_{1997/1990} = 100 \cdot \frac{110}{120} \Rightarrow I_{1997/1990} \approx 91{,}666.$$

Au total, le prix du mètre carré à Paris a baissé de 8,333 % entre 1990 et 1997.

☞ EXERCICE n° 64

ÉNONCÉ :

(1) **Soient trois biens *A*, *B* et *C* dont les prix respectifs sont P_{A_0}, P_{B_0} et P_{C_0} à la date de base et P_{A_1}, P_{B_1} et P_{C_1} à la date courante.**

Définir l'indice arithmétique qui rend compte de l'évolution globale de ces biens de consommation.

(2) En prenant pour base l'année 1995, calculer l'indice arithmétique de l'évolution globale des biens de consommation *A*, *B* et *C* à partir des données suivantes sur les prix :

Années	Bien *A*	Bien *B*	Bien *C*
1995	300	100	75
1996	450	200	100
1997	500	400	80

CORRIGÉ :

(1) Définissons l'indice arithmétique qui rend compte de l'évolution globale de ces biens de consommation :

Soient trois biens *A*, *B* et *C* dont les prix respectifs sont P_{A_0}, P_{B_0} et P_{C_0} à la date de base et P_{A_1}, P_{B_1} et P_{C_1} à la date courante.

Dans ces conditions, nous savons qu'entre la date « 0 » et la date « 1 » :

- l'indice élémentaire du bien *A* est : $I_{1/0}(A) = 100 \cdot \dfrac{P_{A_1}}{P_{A_0}}$;
- l'indice élémentaire du bien *B* est : $I_{1/0}(B) = 100 \cdot \dfrac{P_{B_1}}{P_{B_0}}$;
- l'indice élémentaire du bien *C* est : $I_{1/0}(C) = 100 \cdot \dfrac{P_{C_1}}{P_{C_0}}$.

Par définition, l'indice arithmétique qui rend compte de l'évolution globale de ces biens de consommation est :

$$\boxed{I_a = \frac{1}{3} \cdot [I_{1/0}(A) + I_{1/0}(B) + I_{1/0}(C)]}\ .$$

(2) **En prenant pour base l'année 1995, calculons l'indice arithmétique de l'évolution globale des biens de consommation *A*, *B* et *C* :**

Établissons un tableau :

Années	Bien *A*	Bien *B*	Bien *C*	I_a
1995	$I_{1995/1995}(A) = 100$	$I_{1995/1995}(B) = 100$	$I_{1995/1995}(C) = 100$	100
1996	$I_{1996/1995}(A) = 150$	$I_{1996/1995}(B) = 200$	$I_{1996/1995}(C) = 133{,}333$	161,111
1997	$I_{1997/1995}(A) = 166{,}666$	$I_{1997/1995}(B) = 400$	$I_{1997/1995}(C) = 106{,}666$	224,444

Au total, l'augmentation des prix, par rapport à l'année 1995, a été de 61,111 % en 1996 et de 124,444 % en 1997.

Il est bon de noter que l'indice arithmétique n'est pas réversible !

☞ EXERCICE n° 65

ÉNONCÉ :

(1) **Soient trois biens *A*, *B* et *C* dont les prix respectifs sont P_{A_0}, P_{B_0} et P_{C_0} à la date de base et P_{A_1}, P_{B_1} et P_{C_1} à la date courante. Soient n_A, n_B et n_C les coefficients de pondération respectifs des biens *A*, *B* et *C*.**

Définir l'indice arithmétique pondéré qui rend compte de l'évolution globale de ces biens de consommation.

(2) **En prenant pour base l'année 1995, calculer l'indice arithmétique pondéré de l'évolution globale des biens de consommation *A*, *B* et *C* à partir des données suivantes sur les prix :**

Années	Bien *A*	Bien *B*	Bien *C*
1995	300	100	75
1996	450	200	100
1997	500	400	80

De plus, $n_A = 10$, $n_B = 20$ et $n_C = 30$.

CORRIGÉ :

① Définissons l'indice arithmétique pondéré qui rend compte de l'évolution globale de ces biens de consommation :

Soient trois biens A, B et C dont les prix respectifs sont P_{A_0}, P_{B_0} et P_{C_0} à la date de base et P_{A_1}, P_{B_1} et P_{C_1} à la date courante.
Soient n_A, n_B et n_C les coefficients de pondération respectifs des biens A, B et C.

Dans ces conditions, nous savons qu'entre la date « 0 » et la date « 1 » :

- l'indice élémentaire du bien A est : $I_{1/0}(A) = 100 \cdot \dfrac{P_{A_1}}{P_{A_0}}$;
- l'indice élémentaire du bien B est : $I_{1/0}(B) = 100 \cdot \dfrac{P_{B_1}}{P_{B_0}}$;
- l'indice élémentaire du bien C est : $I_{1/0}(C) = 100 \cdot \dfrac{P_{C_1}}{P_{C_0}}$.

Par définition, l'indice arithmétique pondéré qui rend compte de l'évolution globale de ces biens de consommation est :

$$\boxed{I_{ap} = \frac{1}{n_A + n_B + n_C} \cdot [n_A \cdot I_{1/0}(A) + n_B \cdot I_{1/0}(B) + n_C \cdot I_{1/0}(C)]}\ .$$

② En prenant pour base l'année 1995, calculons l'indice arithmétique pondéré de l'évolution globale des biens de consommation *A*, *B* et *C* :

Établissons un tableau :

Années	Bien A	Bien B	Bien C	I_{ap}
1995	$I_{1995/1995}(A) = 100$	$I_{1995/1995}(B) = 100$	$I_{1995/1995}(C) = 100$	100
1996	$I_{1996/1995}(A) = 150$	$I_{1996/1995}(B) = 200$	$I_{1996/1995}(C) = 133{,}333$	158,333
1997	$I_{1997/1995}(A) = 166{,}666$	$I_{1997/1995}(B) = 400$	$I_{1997/1995}(C) = 106{,}666$	214,444

Au total, l'augmentation des prix, par rapport à l'année 1995, a été de 58,333 % en 1996 et de 114,444 % en 1997.

Il est bon de noter que l'indice arithmétique pondéré n'est pas réversible !

☞ EXERCICE n° 66

ÉNONCÉ :

(1) **Définir ce que sont les indices synthétiques.**

(2) **Comment calcule-t-on les coefficients budgétaires ?**

CORRIGÉ :

(1) **Définissons ce que sont les indices synthétiques :**

Les indices synthétiques sont des résumés numériques de la série des indices élémentaires d'un ensemble fini de variables, que l'on étudie entre une date de base « 0 » et une date courante « t ».

En général, ces variables sont des prix, des quantités, des valeurs.

Parmi les indices synthétiques, nous pouvons recenser les indices de Laspeyres, les indices de Paasche, les indices de Fisher…

(2) **Déterminons la méthode de calcul des coefficients budgétaires :**

Soit n biens dont on connaît prix et quantités à deux périodes différentes. On appelle coefficient budgétaire du bien i, par rapport à l'une de ces périodes, la part représentée par la valeur (prix × quantité) de ce bien à cette période relativement à la valeur totale de tous les biens à cette même période.

Ainsi, le coefficient budgétaire du bien i par rapport à la date de base « 0 » est :

$$CB_{i,0} = \frac{p_{i,0} \cdot q_{i,0}}{\sum_{i=1}^{n} p_{i,0} \cdot q_{i,0}}.$$

De même, le coefficient budgétaire du bien i par rapport à la date courante « t » est :

$$CB_{i,t} = \frac{p_{i,t} \cdot q_{i,t}}{\sum_{i=1}^{n} p_{i,t} \cdot q_{i,t}}.$$

Il est bon de noter que :

- p_i et q_i représentent respectivement prix et quantité du bien i;
- la somme des coefficients budgétaires est égale à 1.

☞ EXERCICE n° 67

ÉNONCÉ :

Le tableau ci-après donne la consommation de deux biens B_1 et B_2 ainsi que leurs prix, et cela en 1996 et 1997 :

	1996		1997	
Biens	p	q	p	q
B_1	3	90	4	100
B_2	6	120	5	99

Calculer les quatre coefficients budgétaires, la date de base étant 1996.

CORRIGÉ :

Calculons les quatre coefficients budgétaires :

Nous savons que le coefficient budgétaire du bien *i* par rapport à la date de base 1996 est :

$$CB_{i,\,1996} = \frac{p_{i,\,1996} \cdot q_{i,\,1996}}{\sum_{i=1}^{2} p_{i,\,1996} \cdot q_{i,\,1996}}.$$

Application numérique :

- En ce qui concerne le bien 1 c'est-à-dire B_1 :

$$CB_{1,\,1996} = \frac{3 \times 90}{(3 \times 90) + (6 \times 120)} \Rightarrow CB_{1,\,1996} \approx 27{,}272\ \%.$$

- En ce qui concerne le bien 2 c'est-à-dire B_2 :

$$CB_{2,\,1996} = \frac{6 \times 120}{(3 \times 90) + (6 \times 120)} \Rightarrow CB_{2,\,1996} \approx 72{,}727\ \%.$$

Par ailleurs, nous savons que le coefficient budgétaire du bien *i* par rapport à la date courante 1997 est :

$$CB_{i,\,1997} = \frac{p_{i,\,1997} \cdot q_{i,\,1997}}{\sum_{i=1}^{3} p_{i,\,1997} \cdot q_{i,\,1997}}.$$

Application numérique :

- En ce qui concerne le bien 1 c'est-à-dire B_1 :

$$CB_{1,\,1997} = \frac{4 \times 100}{(4 \times 100) + (5 \times 99)} \Rightarrow CB_{1,\,1997} \approx 44{,}692\ \%.$$

- En ce qui concerne le bien 2 c'est-à-dire B_2 :

$$CB_{2,\,1997} = \frac{5 \times 99}{(4 \times 100) + (5 \times 99)} \Rightarrow CB_{2,\,1997} \approx 55{,}307\ \%.$$

☞ EXERCICE n° 68

ÉNONCÉ :

(1) **Définir les indices de Laspeyres.**

(2) **Quelles sont leurs propriétés?**

(3) **Définir les indices de Paasche.**

(4) **Déterminer leurs propriétés.**

CORRIGÉ :

(1) **Définissons les indices de Laspeyres :**

Nous pouvons distinguer deux indices de Laspeyres :

- l'indice de Laspeyres des prix (L^p),
- l'indice de Laspeyres des quantités (L^q).

(a) <u>L'indice de Laspeyres des prix :</u>

L'indice de Laspeyres des prix est défini en prenant comme date de référence une date antérieure à la date d'observation.
Si la date de référence ou date de base est la date « 0 », il nous est donné par la formule :

$$L^p_{t/0} = 100 \cdot \frac{\sum_{i=1}^{n} p^i_t \cdot q^i_0}{\sum_{i=1}^{n} p^i_0 \cdot q^i_0},$$

avec :

- p^i et q^i représentent respectivement prix et quantité du bien i;
- il y a n biens ($i = 1, 2, 3, \ldots, n$).

En utilisant la notion de coefficient budgétaire, l'indice de Laspeyres des prix nous est aussi donné par :

$$\boxed{L^p_{t/0} = \sum_{i=1}^{n} CB_{i,0} \cdot I_{t/0}(p^i)},$$

avec : $I_{t/0}(p^i) = 100 \cdot \frac{p^i_t}{p^i_0}$.

ⓑ <u>L'indice de Laspeyres des quantités ou de volume :</u>

L'indice de Laspeyres des quantités ou de volume est défini en prenant comme date de référence une date antérieure à la date d'observation.

Si la date de référence ou date de base est la date « 0 », il nous est donné par la formule :

$$\boxed{L^q_{t/0} = 100 \cdot \frac{\sum_{i=1}^{n} p^i_0 \cdot q^i_t}{\sum_{i=1}^{n} p^i_0 \cdot q^i_0}}.$$

En utilisant la notion de coefficient budgétaire, l'indice de Laspeyres des quantités ou de volume nous est aussi donné par :

$$\boxed{L^q_{t/0} = \sum_{i=1}^{n} CB_{i,0} \cdot I_{t/0}(q^i)},$$

avec : $I_{t/0}(q^i) = 100 \cdot \frac{q^i_t}{q^i_0}$.

② Déterminons les propriétés des indices de Laspeyres :

Ces propriétés sont valables pour tous les indices de Laspeyres (prix ou quantités).

- L'indice de Laspeyres ne respecte pas la propriété de circularité :

$$L_{t/0} \neq L_{t/t'} \cdot L_{t'/0} \cdot \frac{1}{100}.$$

- L'indice de Laspeyres n'est pas réversible :

$$L_{t/0} \cdot L_{0/t} \neq 10^4.$$

(3) Définissons les indices de Paasche :

Nous pouvons distinguer deux indices de Paasche :

- l'indice de Paasche des prix (P^p) ;
- l'indice de Paasche des quantités (P^q).

(a) L'indice de Paasche des prix :

L'indice de Paasche des prix est défini en prenant comme date de référence la date courante « *t* ».

Il nous est donné par la formule :

$$P^p_{t/0} = 100 \cdot \frac{\sum_{i=1}^{n} p^i_t \cdot q^i_t}{\sum_{i=1}^{n} p^i_0 \cdot q^i_t}.$$

En utilisant la notion de coefficient budgétaire, l'indice de Paasche des prix nous est aussi donné par :

$$\frac{1}{P^p_{t/0}} = \sum_{i=1}^{n} CB_{i,t} \cdot \frac{1}{I_{t/0}(p^i)},$$

avec : $I_{t/0}(p^i) = 100 \cdot \frac{p^i_t}{p^i_0}$.

(b) L'indice de Paasche des quantités ou de volume :

L'indice de Paasche des quantités ou de volume est défini en prenant comme date de référence la date courante « *t* ».
Il nous est donné par la formule :

$$P^q_{t/0} = 100 \cdot \frac{\sum_{i=1}^{n} p^i_t \cdot q^i_t}{\sum_{i=1}^{n} p^i_t \cdot q^i_0}.$$

En utilisant la notion de coefficient budgétaire, l'indice de Paasche des quantités ou de volume nous est aussi donné par :

$$\boxed{\frac{1}{P^q_{t/0}} = \sum_{i=1}^{n} CB_{i,t} \cdot \frac{1}{I_{t/0}(q^i)}},$$

avec : $I_{t/0}(q^i) = 100 \cdot \frac{q^i_t}{q^i_0}$.

④ **Déterminons les propriétés des indices de Paasche :**

Ces propriétés sont valables pour tous les indices de Paasche (prix ou quantités).

- L'indice de Paasche ne respecte pas la propriété de circularité :

$$P_{t/0} \neq P_{t/t'} \cdot P_{t'/0} \cdot \frac{1}{100}.$$

- L'indice de Paasche n'est pas réversible :

$$P_{t/0} \cdot P_{0/t} \neq 10^4.$$

- Nous avons : $\boxed{L_{0/t} = \frac{10^4}{P_{t/0}}}$ et $\boxed{P_{0/t} = \frac{10^4}{L_{t/0}}}$.

☞ EXERCICE n° 69

ÉNONCÉ :

① **Définir les indices de Fisher.**

② **Quelles sont leurs propriétés?**

③ **Quelles relations existent entre les indices de Laspeyres, les indices de Paasche et les indices de Fisher?**

CORRIGÉ :

(1) **Définissons les indices de Fisher :**

Nous pouvons distinguer deux indices de Fisher :

- l'indice de Fisher des prix (F^p) ;
- l'indice de Fisher des quantités (F^q).

D'une manière générale, l'indice de Fisher est la moyenne géométrique des indices de Laspeyres et de Paasche.

(a) L'indice de Fisher des prix :

Il nous est donné par la formule : $\boxed{F^p = (L^p \cdot P^p)^{\frac{1}{2}}}$.

(b) L'indice de Fisher des quantités ou de volume :

Il nous est donné par la formule : $\boxed{F^q = (L^q \cdot P^q)^{\frac{1}{2}}}$.

(2) **Déterminons les propriétés des indices de Fisher :**

Ces propriétés sont valables pour tous les indices de Fisher (prix ou quantités).

- L'indice de Fisher ne respecte pas la propriété de circularité :

$$F_{t/0} \neq F_{t/t'} \cdot F_{t'/0} \cdot \frac{1}{100}.$$

- L'indice de Fisher **est réversible :**

$$\boxed{F_{t/0} \cdot F_{0/t} = 10^4}.$$

(3) **Déterminons les relations qui existent entre les indices de Laspeyres, les indices de Paasche et les indices de Fisher :**

Il existe deux relations importantes :

- l'indice de Fisher est compris entre ceux de Laspeyres et de Paasche :

$$\boxed{P \leqslant F \leqslant L}.$$

- L'indice de valeur (prix × quantités) calculé par Laspeyres est égal à celui calculé par Paasche et sont tels que :

$$\boxed{I(pq) = \frac{L^p \cdot P^q}{100} = \frac{L^q \cdot P^p}{100} = \frac{F^p \cdot F^q}{100}}.$$

☞ EXERCICE n° 70

ÉNONCÉ :

Soient quatre biens B_1, B_2, B_3 et B_4 dont nous donnons dans le tableau ci-après les quantités et les prix à la date de base « 0 » (1987) et à la date courante « *t* » (1997) :

Biens	1987		1997	
	p_0	q_0	p_t	q_t
B_1	12	6	15	7
B_2	5	13	8	11
B_3	15	9	13	18
B_4	8	10	10	9

(1) **Calculer les indices de Laspeyres.**

(2) **Calculer les indices de Paasche.**

(3) **En déduire l'indice de valeur de Laspeyres, l'indice de valeur de Paasche et les indices de Fisher.**

CORRIGÉ :

(1) **Calculons les indices de Laspeyres :**

Nous pouvons distinguer deux indices de Laspeyres :

- l'indice de Laspeyres des prix (L^p) ;
- l'indice de Laspeyres des quantités (L^q).

Ces deux indices sont définis en prenant comme date de référence une date antérieure à la date d'observation.

Si la date de référence ou date de base est la date « 0 » (1987) :

- l'indice de Laspeyres des prix nous est donné par la formule :

$$L^p_{t/0} = 100 \cdot \frac{\sum_{i=1}^{4} p^i_t \cdot q^i_0}{\sum_{i=1}^{4} p^i_0 \cdot q^i_0},$$

- l'indice de Laspeyres des quantités ou de volume nous est donné par la formule :

$$L^q_{t/0} = 100 \cdot \frac{\sum_{i=1}^{4} p^i_0 \cdot q^i_t}{\sum_{i=1}^{4} p^i_0 \cdot q^i_0}.$$

Application numérique :

- $L^p_{1997/1987} = 100 \cdot \dfrac{(15 \times 6) + (8 \times 13) + (13 \times 9) + (10 \times 10)}{(12 \times 6) + (5 \times 13) + (15 \times 9) + (8 \times 10)}$

$$\Rightarrow L^p_{1997/1987} \approx 116{,}761.$$

Au total, l'augmentation des prix des quatre biens a été de 16,761 % en moyenne, selon l'indice de Laspeyres.

- $L^q_{1997/1987} = 100 \cdot \dfrac{(12 \times 7) + (5 \times 11) + (15 \times 18) + (8 \times 9)}{(12 \times 6) + (5 \times 13) + (15 \times 9) + (8 \times 10)}$

$$\Rightarrow L^q_{1997/1987} \approx 136{,}647.$$

Au total, l'augmentation des quantités des quatre biens a été de 36,647 % en moyenne, selon l'indice de Laspeyres.

(2) Calculons les indices de Paasche :

Nous pouvons distinguer deux indices de Paasche :

- l'indice de Paasche des prix (P^p) ;
- l'indice de Paasche des quantités (P^q).

Ces deux indices sont définis en prenant comme date de référence la date courante « t » (1997) :

- l'indice de Paasche des prix nous est donné par la formule :

$$P^p_{t/0} = 100 \cdot \frac{\sum_{i=1}^{4} p^i_t \cdot q^i_t}{\sum_{i=1}^{4} p^i_0 \cdot q^i_t},$$

- l'indice de Paasche des quantités ou de volume nous est donné par la formule :

$$P^q_{t/0} = 100 \cdot \frac{\sum_{i=1}^{4} p^i_t \cdot q^i_t}{\sum_{i=1}^{4} p^i_t \cdot q^i_0}.$$

Application numérique :

- $P^p_{1997/1987} = 100 \cdot \dfrac{(15 \times 7) + (8 \times 11) + (13 \times 18) + (10 \times 9)}{(12 \times 7) + (5 \times 11) + (15 \times 18) + (8 \times 9)}$

$$\Rightarrow P^p_{1997/1987} \approx 107{,}484.$$

Au total, l'augmentation des prix des quatre biens a été de 7,484 % en moyenne, selon l'indice de Paasche.

- $P^q_{1997/1987} = 100 \cdot \dfrac{(15 \times 7) + (8 \times 11) + (13 \times 18) + (10 \times 9)}{(15 \times 6) + (8 \times 13) + (13 \times 9) + (10 \times 10)}$

$$\Rightarrow P^q_{1997/1987} \approx 125{,}790.$$

Au total, l'augmentation des quantités des quatre biens a été de 25,790 % en moyenne, selon l'indice de Paasche.

③ **Déduisons-en l'indice de valeur de Laspeyres, l'indice de valeur de Paasche et les indices de Fisher :**

Nous savons que l'indice de valeur calculé par Laspeyres est égal à celui calculé par Paasche; de plus il nous est donné par la formule :

$$I_{t/0}(pq) = \frac{L^p \cdot P^q}{100} = \frac{L^q \cdot p^p}{100}.$$

Application numérique :

$$I_{1997/1987}(pq) \approx \frac{116{,}761 \cdot 125{,}790}{100} \Rightarrow I_{1997/1987}(pq) \approx 146{,}873.$$

Au total, l'augmentation en valeur des quatre biens a été de 46,873 % en moyenne, selon Laspeyres, Paasche et Fisher !

Enfin, nous pouvons distinguer deux indices de Fisher :

- l'indice de Fisher des prix (F^p) ;
- l'indice de Fisher des quantités (F^q).

D'une manière générale, l'indice de Fisher est la moyenne géométrique des indices de Laspeyres et de Paasche :

- l'indice de Fisher des prix nous est donné par la formule :

$$\boxed{F^p_{t/0} = (L^p \cdot P^p)^{\frac{1}{2}}},$$

- l'indice de Fisher des quantités ou de volume nous est donné par la formule : $\boxed{F^q_{t/0} = (L^q \cdot P^q)^{\frac{1}{2}}}$.

Application numérique :

- $F^p_{1997/1987} \approx (116{,}761 \cdot 107{,}484)^{\frac{1}{2}} \Rightarrow F^p_{1997/1987} \approx 112{,}026.$

Au total, l'augmentation des prix des quatre biens a été de 12,026 % en moyenne, selon l'indice de Fisher.

- $F^q_{1997/1987} \approx (136{,}647 \cdot 125{,}790)^{\frac{1}{2}} \Rightarrow F^q_{1997/1987} \approx 131{,}106.$

Au total, l'augmentation des quantités des quatre biens a été de 31,106 % en moyenne, selon l'indice de Fisher.

☞ EXERCICE n° 71

ÉNONCÉ :

Une entreprise fabrique le même produit dans deux lieux géographiques différents. Ce produit nécessite trois matières premières identiques, mais dans des proportions différentes compte tenu de procédés de fabrication différents. Le tableau ci-dessous indique, pour chaque lieu, les prix et les quantités commandées de ces trois matériaux au cours d'une même période :

Produits	Prix		Quantités	
	Lieu n° 1	Lieu n° 2	Lieu n° 1	Lieu n° 2
p_1	3,80	4,05	300	200
p_2	4,75	4,50	300	400
p_3	5,50	5,50	400	400

(1) Calculer les indices de Laspeyres et de Paasche du lieu n° 2 par rapport au lieu n° 1 sur l'ensemble des matières premières.

(2) Même question pour le lieu n° 1 par rapport au lieu n° 2.

(3) Si on désire un indice réversible, lequel proposez-vous? Donner sa valeur pour les prix et les quantités.

CORRIGÉ :

(1) Calculons les indices de Laspeyres et de Paasche du lieu n° 2 par rapport au lieu n° 1 sur l'ensemble des matières premières :

a) Les indices de Laspeyres :

Nous pouvons distinguer deux indices de Laspeyres :

- l'indice de Laspeyres des prix (L^p) ;
- l'indice de Laspeyres des quantités (L^q).

Ces deux indices sont définis en prenant comme situation de référence une situation de base.

Si la situation de référence ou situation de base est la situation « 0 » (lieu n° 1) :

- l'indice de Laspeyres des prix nous est donné par la formule :

$$L^p_{t/0} = 100 \cdot \frac{\sum_{i=1}^{3} p_t^i \cdot q_0^i}{\sum_{i=1}^{3} p_0^i \cdot q_0^i},$$

la situation « t » étant le lieu n° 2,

- l'indice de Laspeyres des quantités ou de volume nous est donné par la formule :

$$L^q_{t/0} = 100 \cdot \frac{\sum_{i=1}^{3} p_0^i \cdot q_t^i}{\sum_{i=1}^{3} p_0^i \cdot q_0^i}.$$

Application numérique :

- $$L^p_{\text{lieu n° 2/lieu n° 1}} = 100 \cdot \frac{(4{,}05 \times 300) + (4{,}50 \times 300) + (5{,}50 \times 400)}{(3{,}80 \times 300) + (4{,}75 \times 300) + (5{,}50 \times 400)}$$

$$\Rightarrow L^p_{\text{lieu n° 2/lieu n° 1}} = 100.$$

Au total, la différence des prix des trois matières premières est nulle en moyenne entre le lieu n° 1 et le lieu n° 2, selon l'indice de Laspeyres.

- $$L^q_{\text{lieu n° 2/lieu n° 1}} = 100 \cdot \frac{(3{,}80 \times 200) + (4{,}75 \times 400) + (5{,}50 \times 400)}{(3{,}80 \times 300) + (4{,}75 \times 300) + (5{,}50 \times 400)}$$

$$\Rightarrow L^q_{\text{lieu n° 2/lieu n° 1}} \approx 101{,}993.$$

Au total, la différence des quantités utilisées des trois matières premières est de 1,993 % en moyenne entre le lieu n° 1 et le lieu n° 2, selon l'indice de Laspeyres.

(b) <u>Les indices de Paasche</u> :

Nous pouvons distinguer deux indices de Paasche :

- l'indice de Paasche des prix (P^p),
- l'indice de Paasche des quantités (P^q).

Ces deux indices sont définis en prenant comme situation de référence la situation courante « t » (lieu n° 2) :

- l'indice de Paasche des prix nous est donné par la formule :

$$P^p_{t/0} = 100 \cdot \frac{\sum_{i=1}^{3} p_t^i \cdot q_t^i}{\sum_{i=1}^{3} p_0^i \cdot q_t^i},$$

- l'indice de Paasche des quantités ou de volume nous est donné par la formule :

$$P^q_{t/0} = 100 \cdot \frac{\sum_{i=1}^{3} p_t^i \cdot q_t^i}{\sum_{i=1}^{3} p_t^i \cdot q_0^i}.$$

<u>Application numérique</u> :

- $$P^p_{\text{lieu n° 2/lieu n° 1}} = 100 \cdot \frac{(4{,}05 \times 200) + (4{,}50 \times 400) + (5{,}50 \times 400)}{(3{,}80 \times 200) + (4{,}75 \times 400) + (5{,}50 \times 400)}$$

$$\Rightarrow P^p_{\text{lieu n° 2/lieu n° 1}} \approx 98{,}971.$$

Au total, la différence des prix des trois matières premières est de -1,029 % en moyenne entre le lieu n° 1 et le lieu n° 2, selon l'indice de Paasche.

Plus précisément, les prix du lieu n° 2 sont inférieurs de 1,029 % en moyenne par rapport à ceux du lieu n° 1, selon l'indice de Paasche.

- $$P^{q}_{\text{lieu n° 2/lieu n° 1}} = 100 \cdot \frac{(4{,}05 \times 200) + (4{,}50 \times 400) + (5{,}50 \times 400)}{(4{,}05 \times 300) + (4{,}50 \times 300) + (5{,}50 \times 400)}$$

$$\Rightarrow P^{q}_{\text{lieu n° 2/lieu n° 1}} \approx 100{,}944.$$

Au total, la différence des quantités utilisées des trois matières premières est de 0,944 % en moyenne entre le lieu n° 1 et le lieu n° 2, selon l'indice de Paasche.

(2) Calculons les indices de Laspeyres et de Paasche du lieu n° 1 par rapport au lieu n° 2 sur l'ensemble des matières premières :

D'après le cours, nous savons que :

- $\boxed{L^{p}_{0/t} = \dfrac{10^4}{P^{p}_{t/0}}}$ et $\boxed{L^{q}_{0/t} = \dfrac{10^4}{P^{q}_{t/0}}}$;
- $\boxed{P^{p}_{0/t} = \dfrac{10^4}{L^{p}_{t/0}}}$ et $\boxed{P^{q}_{0/t} = \dfrac{10^4}{L^{q}_{t/0}}}$.

Or la situation de base « 0 » correspond au lieu n° 1, et la situation courante « *t* » au lieu n° 2.

<u>Application numérique :</u>

- $L^{p}_{\text{lieu n° 1/lieu n° 2}} \approx 101{,}039.$

Au total, la différence des prix des trois matières premières est de 1,039 % en moyenne entre le lieu n° 2 et le lieu n° 1, selon l'indice de Laspeyres.

- $L^{q}_{\text{lieu n° 1/lieu n° 2}} \approx 99{,}065.$

Au total, la différence des quantités utilisées des trois matières premières est de -0,935 % en moyenne entre le lieu n° 2 et le lieu n° 1, selon l'indice de Laspeyres.

Plus précisément, les quantités utilisées du lieu n° 1 sont inférieures de 0,935 % en moyenne par rapport à celles du lieu n° 2, selon l'indice de Laspeyres.

- $P^{p}_{\text{lieu n° 1/lieu n° 2}} = 100.$

Au total, la différence des prix des trois matières premières est nulle en moyenne entre le lieu n° 2 et le lieu n° 1, selon l'indice de Paasche.

- $P^{q}_{\text{lieu n° 1/lieu n° 2}} \approx 98{,}103.$

Au total, la différence des quantités utilisées des trois matières premières est de -1,897 % en moyenne entre le lieu n° 2 et le lieu n° 1, selon l'indice de Paasche.

Plus précisément, les quantités utilisées du lieu n° 1 sont inférieures de 1,897 % en moyenne par rapport à celles du lieu n° 2, selon l'indice de Paasche.

(3) **Déterminons un indice réversible et donnons sa valeur pour les prix et les quantités :**

D'après le cours nous savons que l'indice de Fisher est la moyenne géométrique des indices de Laspeyres et de Paasche et qu'**il est réversible**.

- L'indice de Fisher des prix nous est donné par la formule :

$$\boxed{F^{p} = (L^{p} \cdot P^{p})^{\frac{1}{2}}}.$$

- L'indice de Fisher des quantités ou de volume nous est donné par la formule :

$$\boxed{F^{q} = (L^{q} \cdot P^{q})^{\frac{1}{2}}}.$$

<u>Application numérique :</u>

- $F^{p}_{\text{lieu n° 2/lieu n° 1}} = (100 \times 99{,}971)^{\frac{1}{2}}$

$$\Rightarrow F^{p}_{\text{lieu n° 2/lieu n° 1}} \approx 99{,}985.$$

- $F^{q}_{\text{lieu n° 2/lieu n° 1}} = (101{,}993 \times 100{,}944)^{\frac{1}{2}}$

$$\Rightarrow F^{p}_{\text{lieu n° 2/lieu n° 1}} \approx 101{,}467.$$

☞ EXERCICE n° 72

ÉNONCÉ :

Pour trois biens B_1, B_2 et B_3, le tableau ci-dessous donne les indices élémentaires des prix de 1997 par rapport à 1987 et les coefficients budgétaires correspondants :

Biens	Indices Élémentaires	Coefficients Budgétaires	
		1987	1997
B_1	120	0,3	0,4
B_2	90	0,6	0,3
B_3	150	0,1	0,3

Calculer les indices de Laspeyres des prix et celui de Paasche de 1997 par rapport à 1987.

CORRIGÉ :

Calculons les indices de Laspeyres des prix et celui de Paasche de 1997 par rapport à 1987 :

En utilisant la notion de coefficient budgétaire, nous savons que l'indice de Laspeyres des prix nous est donné par la formule :

$$L_{t/0}^{p} = \sum_{i=1}^{3} CB_{i,0} \cdot I_{t/0}(P^i),$$

$CB_{i,0}$ étant le coefficient budgétaire du bien i par rapport à la date de base « 0 », c'est-à-dire 1987 ici.

De même, en utilisant la notion de coefficient budgétaire, nous savons que l'indice de Paasche des prix nous est donné par la formule :

$$\frac{1}{P_{t/0}^{p}} = \sum_{i=1}^{3} CB_{i,t} \cdot \frac{1}{I_{t/0}(P^i)},$$

$CB_{i,t}$ étant le coefficient budgétaire du bien i par rapport à la date courante « t », c'est-à-dire 1997 ici.

Application numérique :

- $L^{p}_{1997/1987} = (0{,}3 \times 120) + (0{,}6 \times 90) + (0{,}1 \times 150)$

$$\Rightarrow L^{p}_{1997/1987} = 105.$$

- $\dfrac{1}{P^{p}_{1997/1987}} = \dfrac{0{,}4}{120} + \dfrac{0{,}3}{90} + \dfrac{0{,}3}{150} \Rightarrow \dfrac{1}{P^{p}_{1997/1987}} = 0{,}0086666$

$$\Rightarrow P^{p}_{1997/1987} \approx 115{,}385.$$

Au total, l'augmentation des prix des trois biens a été de 5 % en moyenne entre 1987 et 1997, selon l'indice de Laspeyres.

De même, l'augmentation des prix des trois biens a été de 15,385 % en moyenne entre 1987 et 1997, selon l'indice de Paasche.

☞ EXERCICE n° 73

ÉNONCÉ :

(1) **Donner la définition d'un taux de croissance.**

(2) **En déduire la formule du multiplicateur.**

(3) **Définir le taux de croissance moyen, le taux de croissance global sur plusieurs périodes, le taux de croissance d'un produit de variables et celui d'un rapport de variables.**

CORRIGÉ :

(1) **Donnons la définition d'un taux de croissance :**

Soit A une variable statistique prenant la valeur a_I à la date initiale et a_F à la date finale, on appelle taux de croissance de A entre la date initiale et la date finale la valeur « g » telle que : $\boxed{g = \dfrac{a_F - a_I}{a_I}}$.

(2) Déduisons-en la formule du multiplicateur :

Nous savons que le taux de croissance « g » nous est donné par la formule : $g = \dfrac{a_F - a_I}{a_I}$ (1).

(1) ⇒ $\boxed{g = \left(\dfrac{a_F}{a_I}\right) - 1}$.

Le rapport $\dfrac{a_F}{a_I}$ s'appelle multiplicateur.

Au total, nous avons : $\boxed{g = \text{multiplicateur} - 1}$.

De plus : $\boxed{a_F = \text{multiplicateur} \times a_I}$.

(3) Définissons le taux de croissance moyen, le taux de croissance global sur plusieurs périodes, le taux de croissance d'un produit de variables et celui d'un rapport de variables :

(a) Le taux de croissance moyen :

Supposons que la variable A évolue avec un taux de croissance g_1 sur la première période, g_2 sur la seconde, g_3 sur la troisième…

Soient a_I la valeur de A à la date initiale et a_F la valeur de A à la date finale.

Le taux de croissance moyen sur n périodes « g » est tel que :

$$(1 + g)^n = (1 + g_1)(1 + g_2)(1 + g_3)\ldots(1 + g_n) \quad (1)$$

(1) ⇒ $\boxed{g = [(1 + g_1)(1 + g_2)(1 + g_3)\ldots(1 + g_n)]^{\frac{1}{n}} - 1}$.

Dans ces conditions : $\boxed{a_F = (1 + g)^n a_I}$ ou $\boxed{g = \left[\dfrac{a_F}{a_I}\right]^{\frac{1}{n}} - 1}$.

(b) Le taux de croissance global sur plusieurs périodes :

Supposons que la variable A évolue avec un taux de croissance g_1 sur la première période, g_2 sur la seconde, g_3 sur la troisième…

Soient a_I la valeur de A à la date initiale et a_F la valeur de A à la date finale.

Le taux de croissance global sur l'ensemble des n périodes « G » est tel que :

$$(1+G) = (1+g_1)(1+g_2)(1+g_3)\ldots(1+g_n) \quad (1)$$

$$(1) \Rightarrow \quad \boxed{G = [(1+g_1)(1+g_2)(1+g_3)\ldots(1+g_n)] - 1}.$$

Dans ces conditions : $\boxed{a_F = (1+G)a_I}$ ou $\boxed{G = \frac{a_F}{a_I} - 1}$.

ⓒ <u>Le taux de croissance d'un produit de variables et d'un rapport de variables</u> :

Supposons qu'une variable A évolue avec un taux de croissance g_A et une variable B évolue avec un taux de croissance g_B, alors :

- Le produit des valeurs de ces deux variables évolue avec un taux de croissance « g » tel que :

$$(1+g) = (1+g_A)(1+g_B) \quad (1)$$

$$(1) \Rightarrow \quad \boxed{g = (1+g_A)(1+g_B) - 1}.$$

Dans ces conditions :

$$\boxed{(a_F \times b_F) = (1+g)(a_I \times b_I)} \quad \text{ou} \quad \boxed{g = \frac{a_F \times b_F}{a_I \times b_I} - 1}.$$

- Le rapport des valeurs de ces deux variables évolue avec un taux de croissance « g » tel que :

$$(1+g) = \frac{(1+g_A)}{(1+g_B)} \text{ si le rapport est } \frac{A}{B} \quad (1)$$

$$(1) \Rightarrow \quad \boxed{g = \frac{(1+g_A)}{(1+g_B)} - 1}.$$

Dans ces conditions :

$$\boxed{\frac{a_F}{b_F} = (1+g)\frac{a_I}{b_I}} \quad \text{ou} \quad \boxed{g = \frac{a_F \times b_I}{b_F \times a_I} - 1}.$$

☞ EXERCICE n° 74

ÉNONCÉ :

L'indice trimestriel du coût de la construction de l'INSEE a connu l'évolution suivante (base 100 au quatrième trimestre 1953) :

	1990	1991	1992
Trimestres	**III IV**	**I II III IV**	**I II**
Indices élémentaires	**956 952**	**972 992 996 1002**	**1006 1002**

(1) **Calculer les taux de croissance trimestriels successifs de l'indice.**

(2) **Déterminer le taux de croissance trimestriel moyen sur l'ensemble de la période.**

(3) **Calculer le taux de croissance global.**

CORRIGÉ :

(1) **Calculons les taux de croissance trimestriels successifs de l'indice :**

Soit A une variable statistique (indice trimestriel du coût de la construction ici) prenant la valeur a_I à la date initiale et a_F à la date finale, nous savons que le taux de croissance trimestriel entre la date initiale et la date finale est la valeur « g » telle que :

$$\boxed{g = \frac{a_F - a_I}{a_I}}.$$

Il est bon de noter que a_I et a_F représentent respectivement la valeur de l'indice élémentaire trimestriel du coût de la construction initial et la valeur de l'indice élémentaire trimestriel du coût de la construction final.

Application numérique :

- Le taux de croissance entre le troisième trimestre 1990 et le quatrième trimestre 1990 :

Soit g_1 ce taux, g_1 est tel que :

$$g_1 = \frac{952 - 956}{956} \Rightarrow \boxed{g_1 \approx -0{,}418\ \%}.$$

D'où une baisse de 0,418 % de l'indice trimestriel du coût de la construction entre le troisième trimestre 1990 et le quatrième trimestre 1990.

- Le taux de croissance entre le quatrième trimestre 1990 et le premier trimestre 1991 :

Soit g_2 ce taux, g_2 est tel que :

$$g_2 = \frac{972 - 952}{952} \Rightarrow \boxed{g_2 \approx 2{,}1\ \%}.$$

D'où une hausse de 2,1 % de l'indice trimestriel du coût de la construction entre le quatrième trimestre 1990 et le premier trimestre 1991.

- Le taux de croissance entre le premier trimestre 1991 et le second trimestre 1991 :

Soit g_3 ce taux, g_3 est tel que :

$$g_3 = \frac{992 - 972}{972} \Rightarrow \boxed{g_3 \approx 2{,}057\ \%}.$$

D'où une hausse de 2,057 % de l'indice trimestriel du coût de la construction entre le premier trimestre 1991 et le second trimestre 1991.

- Le taux de croissance entre le second trimestre 1991 et le troisième trimestre 1991 :

Soit g_4 ce taux, g_4 est tel que :

$$g_4 = \frac{996 - 992}{992} \Rightarrow \boxed{g_4 \approx 0{,}403\ \%}.$$

D'où une hausse de 0,403 % de l'indice trimestriel du coût de la construction entre le second trimestre 1991 et le troisième trimestre 1991.

- Le taux de croissance entre le troisième trimestre 1991 et le quatrième trimestre 1991 :

Soit g_5 ce taux, g_5 est tel que :

$$g_5 = \frac{1002 - 996}{996} \Rightarrow \boxed{g_5 \approx 0{,}602\ \%}.$$

D'où une hausse de 0,602 % de l'indice trimestriel du coût de la construction entre le troisième trimestre 1991 et le quatrième trimestre 1991.

- Le taux de croissance entre le quatrième trimestre 1991 et le premier trimestre 1992 :

Soit g_6 ce taux, g_6 est tel que :

$$g_6 \approx \frac{1006 - 1002}{1002} \Rightarrow \boxed{g_6 \approx 0{,}399\ \%}.$$

D'où une hausse de 0,399 % de l'indice trimestriel du coût de la construction entre le quatrième trimestre 1991 et le premier trimestre 1992.

- Le taux de croissance entre le premier trimestre 1992 et le second trimestre 1992 :

Soit g_7 ce taux, g_7 est tel que :

$$g_7 = \frac{1002 - 1006}{1006} \Rightarrow \boxed{g_7 \approx -0{,}397\ \%}.$$

D'où une baisse de 0,397 % de l'indice trimestriel du coût de la construction entre le premier trimestre 1992 et le second trimestre 1992.

(2) Déterminons le taux de croissance trimestriel moyen sur l'ensemble de la période :

Supposons que la variable A (indice trimestriel du coût de la construction ici) évolue avec un taux de croissance g_1 sur la première période, g_2 sur la seconde, g_3 sur la troisième…

Soient a_I la valeur de l'indice élémentaire trimestriel du coût de la construction initial et a_F la valeur de l'indice élémentaire trimestriel du coût de la construction final.

Le taux de croissance moyen sur 7 périodes « g » est tel que :

$$(1+g)^7 = (1+g_1)(1+g_2)(1+g_3)(1+g_4)(1+g_5)(1+g_6)(1+g_7) \quad (1)$$

(1) $\Rightarrow$

$$\boxed{g = [(1+g_1)(1+g_2)(1+g_3)(1+g_4)(1+g_5)(1+g_6)(1+g_7)]^{1/7} - 1}.$$

Dans ces conditions : $\boxed{a_F = (1+g)^7 a_I}$ ou $\boxed{g = \left[\frac{a_F}{a_I}\right]^{1/7} - 1}$.

Application numérique :

$$\boxed{g \approx 0{,}67\ \%}.$$

Au total, le taux de croissance trimestriel moyen sur l'ensemble de la période est de 0,67 %.

(3) Calculons le taux de croissance global :

Supposons que la variable A (indice trimestriel du coût de la construction ici) évolue avec un taux de croissance g_1 sur la première période, g_2 sur la seconde, g_3 sur la troisième…

Soient a_I la valeur de l'indice élémentaire trimestriel du coût de la construction initial et a_F la valeur de l'indice élémentaire trimestriel du coût de la construction final.

Le taux de croissance global sur l'ensemble des 7 périodes « G » est tel que :

$$(1+G) = (1+g_1)(1+g_2)(1+g_3)(1+g_4)(1+g_5)(1+g_6)(1+g_7) \quad (1)$$

(1) $\Rightarrow$

$$\boxed{G = [(1+g_1)(1+g_2)(1+g_3)(1+g_4)(1+g_5)(1+g_6)(1+g_7)] - 1}.$$

Dans ces conditions : $\boxed{a_F = (1+G)a_I}$ ou $\boxed{G = \frac{a_F}{a_I} - 1}$.

Application numérique :

$$\boxed{G \approx 4{,}811\ \%}.$$

Au total, le taux de croissance global est de 4,811 %.

☞ EXERCICE n° 75

ÉNONCÉ :

Soient $I_{1997/1987} = 230$ et $I_{1990/1987} = 189$, les valeurs de deux indices élémentaires de prix d'un certain bien.

① **Quelle est l'augmentation du prix de ce bien entre 1990 et 1997 ?**

② **Quel est alors le taux de croissance moyen sur la période considérée ?**

CORRIGÉ :

① **Déterminons l'augmentation du prix de ce bien entre 1990 et 1997 :**

D'après la propriété de circularité, nous savons que si une grandeur économique prend les valeurs V_0, $V_{t'}$ et V_t aux dates « 0 », « t' » et « t », nous avons :

$$\boxed{I_{t/0} = I_{t/t'} \cdot I_{t'/0} \cdot \frac{1}{100}} \Rightarrow \boxed{I_{t/t'} = 100 \cdot \frac{I_{t/0}}{I_{t'/0}}}.$$

Or ici : $I_{t/0} = I_{1997/1987}$ et $I_{t'/0} = I_{1990/1987}$, 1987 étant la date de base ou date de référence.

<u>Application numérique</u> :

$I_{t/t'} = I_{1997/1990}$ et

$$I_{1997/1990} = 100 \cdot \frac{230}{189} \Rightarrow \boxed{I_{1997/1990} \approx 121{,}693}.$$

Au total, le prix du bien a augmenté de 21,693 % entre 1990 et 1997.

(2) Calculons le taux de croissance moyen sur la période considérée :

Supposons que la variable A (le prix du bien ici) évolue avec un taux de croissance g_1 entre 1990 et 1991, g_2 entre 1991 et 1992, g_3 entre 1992 et 1993, g_4 entre 1993 et 1994, g_5 entre 1994 et 1995, g_6 entre 1995 et 1996, et g_7 entre 1996 et 1997.

Soient a_I la valeur du prix du bien à la date initiale (1990 ici) et a_F la valeur du prix du bien à la date finale (1997 ici).

Le taux de croissance moyen sur la période considérée « g » est tel que :

$$(1+g)^7 = (1+g_1)(1+g_2)(1+g_3)(1+g_4)(1+g_5)(1+g_6)(1+g_7) \quad (1)$$

(1) $\Rightarrow$

$$\boxed{g = [(1+g_1)(1+g_2)(1+g_3)(1+g_4)(1+g_5)(1+g_6)(1+g_7)]^{1/7} - 1}.$$

Dans ces conditions : $\boxed{a_F = (1+g)^7 a_I}$ ou $\boxed{g = \left[\frac{a_F}{a_I}\right]^{1/7} - 1}$.

VII

LES DISTRIBUTIONS À DEUX CARACTÈRES

Tableau à double entrée ou tableau de contingence –
Les effectifs partiels – Les effectifs marginaux – L'effectif total –
Les fréquences partielles sur l'effectif total –
Les fréquences conditionnelles –
Les fréquences marginales –
L'indépendance de deux caractères –
Moyenne marginale, variance marginale et écart type d'un caractère –
Moyennes conditionnelles et variances conditionnelles –
Les moments simples d'ordre « *r* » et « *s* » –
Les moments centrés d'ordre « *r* » et « *s* » –
La notion de covariance – le coefficient de corrélation linéaire –
Représentation graphique de la statistique double (*X*, *Y*).

☞ EXERCICE n° 76

ÉNONCÉ :

① **Comment présente-t-on les distributions statistiques à deux caractères?**

② **Établir un tableau à double entrée ou tableau de contingence et définir les différents termes qu'il contient.**

CORRIGÉ :

① **Comment présente-t-on les distributions statistiques à deux caractères?**

Si nous étudions des populations, et les séries qui en découlent, suivant deux caractères quantitatifs (discrets ou continus) prenant chacun diverses modalités $(x_i$ et $y_j)$, nous obtenons des distributions statistiques à deux caractères.

Ces dernières sont présentées sous forme de tableaux statistiques à deux dimensions ou tableaux à double entrée ou tableaux de contingence.

Un exemple de telle distribution est l'étude d'un ensemble de salariés selon leur âge et leur salaire annuel.

Il est bon de noter qu'un tableau de contingence permet de voir comment se distribuent les effectifs de chaque modalité d'un caractère, suivant les modalités de l'autre.

② **Établissons un tableau à double entrée ou tableau de contingence et définissons les différents termes qu'il contient :**

Soit le tableau de contingence suivant :

Valeurs de Y / Valeurs de X	y_1	y_2	y_3	y_4	y_5	y_6	$n_{i\bullet}$
x_1	n_{11}	n_{12}	n_{13}	n_{14}	n_{15}	n_{16}	$n_{1\bullet}$
x_2	n_{21}	n_{22}	n_{23}	n_{24}	n_{25}	n_{26}	$n_{2\bullet}$
x_3	n_{31}	n_{32}	n_{33}	n_{34}	n_{35}	n_{36}	$n_{3\bullet}$
$n_{\bullet j}$	$n_{\bullet 1}$	$n_{\bullet 2}$	$n_{\bullet 3}$	$n_{\bullet 4}$	$n_{\bullet 5}$	$n_{\bullet 6}$	$n_{\bullet\bullet}$

X et Y représentent deux variables statistiques présentant respectivement les modalités (ou valeurs) x_1, x_2, x_3 et $y_1, y_2, y_3, y_4, y_5, y_6$.

Le couple (x_i, y_j) a pour effectif partiel n_{ij} c'est à dire le nombre d'individus présentant à la fois la modalité x_i et la modalité y_j.

Par exemple, le couple (x_1, y_3) a pour effectif partiel n_{13}.

$n_{1\bullet}, n_{2\bullet}$ et $n_{3\bullet}$ sont les effectifs marginaux du caractère X avec :

- $n_{1\bullet} = n_{11} + n_{12} + n_{13} + n_{14} + n_{15} + n_{16}$,

- $n_{2\bullet} = n_{21} + n_{22} + n_{23} + n_{24} + n_{25} + n_{26}$,

- $n_{3\bullet} = n_{31} + n_{32} + n_{33} + n_{34} + n_{35} + n_{36}$.

$n_{\bullet 1}, n_{\bullet 2}, n_{\bullet 3}, n_{\bullet 4}, n_{\bullet 5}$ et $n_{\bullet 6}$ sont les effectifs marginaux du caractère Y avec :

- $n_{\bullet 1} = n_{11} + n_{21} + n_{31}$,

- $n_{\bullet 2} = n_{12} + n_{22} + n_{32}$,

- $n_{\bullet 3} = n_{13} + n_{23} + n_{33}$,

- $n_{\bullet 4} = n_{14} + n_{24} + n_{34}$,

- $n_{\bullet 5} = n_{15} + n_{25} + n_{35}$,

- $n_{\bullet 6} = n_{16} + n_{26} + n_{36}$.

Enfin, $n_{\bullet\bullet}$ est l'effectif total c'est-à-dire le nombre d'individus de la population étudiée.

Dans ces conditions nous avons :

- $n_{1\bullet} + n_{2\bullet} + n_{3\bullet} = n_{\bullet\bullet}$,

- $n_{\bullet 1} + n_{\bullet 2} + n_{\bullet 3} + n_{\bullet 4} + n_{\bullet 5} + n_{\bullet 6} = n_{\bullet\bullet}$.

Il est bon de noter que dans le cas de deux caractères quantitatifs continus, les x_i et les y_j sont des intervalles!

☞ EXERCICE n° 77

ÉNONCÉ :

(1) **Définir les fréquences partielles sur l'effectif total et les fréquences conditionnelles.**

(2) **Définir les fréquences marginales.**

(3) **Quelles sont les relations entre les fréquences marginales et conditionnelles ?**

(4) **À quelles conditions les deux caractères *X* et *Y* sont-ils indépendants ?**

CORRIGÉ :

(1) **Définissons les fréquences partielles sur l'effectif total et les fréquences conditionnelles :**

(a) Les fréquences partielles sur l'effectif total :

C'est la proportion d'individus satisfaisant à la fois à la modalité x_i et à la modalité y_j : $\boxed{f_{ij} = \frac{n_{ij}}{n_{\bullet\bullet}}}$.

En prenant les données de l'exercice précédent, nous avons :

$$\boxed{\sum_{i=1}^{3} \sum_{j=1}^{6} f_{ij} = 1}.$$

(b) Les fréquences conditionnelles :

C'est la proportion d'individus présentant la modalité x_i parmi les individus qui présentent uniquement la modalité y_j.

La fréquence conditionnelle de $(X = x_i)$ sachant que $(Y = y_j)$ se note $f_{i/j}$ et est donnée par la formule : $\boxed{f_{i/j} = \frac{n_{ij}}{n_{\bullet j}}}$.

De même, la fréquence conditionnelle de $(Y = y_j)$ sachant que $(X = x_i)$ se note $f_{j/i}$ et est donnée par la formule :

$$\boxed{f_{j/i} = \frac{n_{ij}}{n_{i\bullet}}}.$$

En prenant les données de l'exercice précédent, nous avons :

$$\boxed{\sum_{i=1}^{3} f_{i/j} = 1} \quad \text{et} \quad \boxed{\sum_{j=1}^{6} f_{j/i} = 1}.$$

② **Définissons les fréquences marginales :**

La fréquence marginale de l'observation $(X = x_i)$ est notée $f_{i\bullet}$ et est donnée par la formule : $\boxed{f_{i\bullet} = \frac{n_{i\bullet}}{n_{\bullet\bullet}}}$.

La fréquence marginale de l'observation $(Y = y_j)$ est notée $f_{\bullet j}$ et est donnée par la formule : $\boxed{f_{\bullet j} = \frac{n_{\bullet j}}{n_{\bullet\bullet}}}$.

En prenant les données de l'exercice précédent, nous avons :

$$\boxed{\sum_{i=1}^{3} f_{i\bullet} = 1} \quad \text{et} \quad \boxed{\sum_{j=1}^{6} f_{\bullet j} = 1}.$$

③ **Déterminons les relations entre les fréquences marginales et conditionnelles :**

Nous avons deux relations :

$$\boxed{f_{ij} = f_{i\bullet} \times f_{j/i}} \quad \text{et} \quad \boxed{f_{ij} = f_{\bullet j} \times f_{i/j}}.$$

④ **À quelles conditions les deux caractères *X* et *Y* sont-ils indépendants?**

Les deux caractères *X* et *Y* sont indépendants si et seulement si :

- $\boxed{f_{ij} = f_{i\bullet} \times f_{\bullet j}}$,

ou - $\boxed{n_{ij} = \frac{n_{i\bullet} \times n_{\bullet j}}{n_{\bullet\bullet}}}$, ou - $\boxed{f_{j/i} = f_{\bullet j}}$,

ou - $\boxed{f_{i/j} = f_{i\bullet}}$.

☞ EXERCICE n° 78

ÉNONCÉ :

Soit la distribution statistique de deux caractères quantitatifs discrets *X* et *Y* définie par le tableau de contingence :

valeurs de *Y* / valeurs de *X*	1	2	3	4
0	3	6	9	12
1	1	7	3	3
2	18	7	24	7

(1) **Déterminer n_{03}, n_{21}, n_{12} et interpréter.**

(2) **Dresser un tableau contenant les effectifs marginaux des deux caractères ainsi que $n_{\bullet\bullet}$.**

(3) **Même question avec les fréquences partielles sur l'effectif total et les fréquences marginales.**

(4) **Que signifie f_{13}?**

(5) **Calculer $f_{i=0/j=3}$ et $f_{j=2/i=1}$ et interpréter.**

(6) **Les caractères *X* et *Y* sont-ils indépendants?**

CORRIGÉ :

(1) **Déterminons n_{03}, n_{21}, n_{12} et interprétons :**

Nous savons que le couple (x_i, y_j) a pour effectif partiel n_{ij} c'est-à-dire le nombre d'individus présentant à la fois la modalité x_i et la modalité y_j.

Ici :

- $n_{03} = 9$ ce qui signifie qu'il y a 9 individus dont la valeur de X est 0 **et** celle de Y est 3.
- $n_{21} = 18$ ce qui signifie qu'il y a 18 individus dont la valeur de X est 2 **et** celle de Y est 1.
- $n_{12} = 7$ ce qui signifie qu'il y a 7 individus dont la valeur de X est 1 **et** celle de Y est 2.

(2) **Dressons un tableau contenant les effectifs marginaux des deux caractères :**

valeurs de Y / valeurs de X	1	2	3	4	$n_{i\bullet}$
0	3	6	9	12	30
1	1	7	3	3	14
2	18	7	24	7	56
$n_{\bullet j}$	22	20	36	22	100

Les effectifs marginaux du caractère X sont :

- $n_{0\bullet} = 30$,
- $n_{1\bullet} = 14$,
- $n_{2\bullet} = 56$.

Les effectifs marginaux du caractère Y sont :

- $n_{\bullet 1} = 22$,
- $n_{\bullet 2} = 20$,
- $n_{\bullet 3} = 36$,
- $n_{\bullet 4} = 22$.

Enfin, l'effectif total est :

$n_{\bullet\bullet} = 100$.

③ Dressons un tableau contenant les fréquences partielles sur l'effectif total et les fréquences marginales :

Nous savons que la fréquence partielle sur l'effectif total f_{ij} correspond à la proportion d'individus satisfaisant à la fois à la modalité x_i et à la modalité y_j : $\boxed{f_{ij} = \dfrac{n_{ij}}{n_{\bullet\bullet}}}$.

De plus, la fréquence marginale de l'observation $(X = x_i)$ est notée $f_{i\bullet}$ et est donnée par la formule : $\boxed{f_{i\bullet} = \dfrac{n_{i\bullet}}{n_{\bullet\bullet}}}$.

Enfin, la fréquence marginale de l'observation $(Y = y_j)$ est notée $f_{\bullet j}$ et est donnée par la formule : $\boxed{f_{\bullet j} = \dfrac{n_{\bullet j}}{n_{\bullet\bullet}}}$.

D'où le tableau suivant :

valeurs de Y / valeurs de X	1	2	3	4	$f_{i\bullet}$
0	0,03	0,06	0,09	0,12	0,3
1	0,01	0,07	0,03	0,03	0,14
2	0,18	0,07	0,24	0,07	0,56
$f_{\bullet j}$	0,22	0,20	0,36	0,22	1

Les fréquences partielles sur l'effectif total sont :

- $f_{01} = 0{,}03$,
- $f_{02} = 0{,}06$,
- $f_{03} = 0{,}09$,
- $f_{04} = 0{,}12$,
- $f_{11} = 0{,}01$,
- $f_{12} = 0{,}07$,
- $f_{13} = 0{,} 03$,
- $f_{14} = 0{,}03$,

- $f_{21} = 0{,}18$,
- $f_{22} = 0{,}07$,
- $f_{23} = 0{,}24$,
- $f_{24} = 0{,}07$.

De plus, nous avons bien : $\boxed{\sum_{i=0}^{2} \sum_{j=1}^{4} f_{ij} = 1}$.

Les fréquences marginales du caractère X sont :

- $f_{0\bullet} = 0{,}3$,
- $f_{1\bullet} = 0{,}14$,
- $f_{2\bullet} = 0{,}56$.

De plus, nous avons bien : $\boxed{\sum_{i=0}^{2} f_{i\bullet} = 1}$.

Les fréquences marginales du caractère Y sont :

- $f_{\bullet 1} = 0{,}22$,
- $f_{\bullet 2} = 0{,}20$,
- $f_{\bullet 3} = 0{,}36$,
- $f_{\bullet 4} = 0{,}22$.

De plus, nous avons bien : $\boxed{\sum_{j=1}^{4} f_{\bullet j} = 1}$.

(4) Donnons la signification de f_{13} :

Nous savons que $f_{13} = 0{,}03$ c'est à dire $f_{13} = 3\ \%$.

Cela signifie que 3 % des individus ont une valeur de X égale à 1 <u>et</u> une valeur de $Y = 3$.

(5) Calculons $f_{i=0/j=3}$ et $f_{j=2/i=1}$ et interprétons les résultats obtenus :

Nous savons que la fréquence conditionnelle de $(X = x_i)$ sachant que $(Y = y_j)$ se note $f_{i/j}$ et est donnée par la formule :

$$\boxed{f_{i/j} = \frac{n_{ij}}{n_{\bullet j}}}.$$

De même, la fréquence conditionnelle de $(Y = y_j)$ sachant que $(X = x_i)$ se note $f_{j/i}$ et est donnée par la formule :

$$\boxed{f_{j/i} = \frac{n_{ij}}{n_{i\bullet}}}.$$

Dans ces conditions :

- $f_{i=0/j=3} = \frac{9}{36} \Rightarrow \boxed{f_{i=0/j=3} = 0{,}25}$.

Cela signifie que parmi les individus dont la valeur de *Y* est 3, il y en a 25 % dont la valeur de *X* est 0.

- $f_{j=2/i=1} = \frac{7}{14} \Rightarrow \boxed{f_{j=2/i=1} = 0{,}5}$.

Cela signifie que parmi les individus dont la valeur de *X* est 1, il y en a 50 % dont la valeur de *Y* est 2.

(6) Les caractères *X* et *Y* sont-ils indépendants ?

Nous savons que les caractères *X* et *Y* sont indépendants si et seulement si : $\boxed{f_{ij} = f_{i\bullet} \times f_{\bullet j}}$.

Or $f_{12} = 0{,}07$, $f_{1\bullet} = 0{,}14$, $f_{\bullet 2} = 0{,}20$
et $f_{12} \neq f_{1\bullet} \times f_{\bullet 2}$: en effet, $0{,}07 \neq 0{,}14 \times 0{,}20$.
Dans ces conditions, nous pouvons affirmer que les caractères *X* et *Y* ne sont pas indépendants !

☞ EXERCICE n° 79

ÉNONCÉ :

Le tableau suivant donne la répartition de 200 salariés en fonction du salaire mensuel *X* exprimé en francs et de l'ancienneté *Y* exprimée en années :

X \ Y	[0, 5[	[5, 10[	[10, 15[	[15, 20[	[20, 25[
[4 000, 5 000[	18	14	10	8	0
[5 000, 6 000[	10	20	19	9	12
[6 000, 8 000[	2	12	17	19	5
[8 000, 10 000[	0	4	4	7	10

1. **Déterminer n_{24}, n_{33} et interpréter.**

2. **Dresser un tableau contenant les distributions marginales du salaire et de l'ancienneté.**

3. **Même question avec les fréquences partielles sur l'effectif total et les fréquences marginales.**

4. **Que signifie f_{12} ?**

5. **Calculer $f_{2/2}$ et $f_{j=1/i=2}$ et interpréter.**

6. **Étudier les deux distributions conditionnelles suivantes :**
   – La distribution du salaire pour les salariés dont l'ancienneté est comprise entre 5 et 10 ans,
   – La distribution selon l'ancienneté pour les salariés dont le salaire est compris entre 6 000 F et 8 000 F.

7. **Les caractères *X* et *Y* sont-ils indépendants?**

CORRIGÉ :

① **Déterminons n_{24}, n_{33} et interprétons :**

Nous savons que le couple (x_i, y_j) a pour effectif partiel n_{ij} c'est-à-dire le nombre d'individus présentant à la fois la modalité x_i et la modalité y_j.

Ici :

- $n_{24} = 9$ ce qui signifie que 9 salariés ont un salaire mensuel compris entre 5 000 F et 6 000 F **et** une ancienneté comprise entre 15 ans et 20 ans.

- $n_{33} = 17$ ce qui signifie que 17 salariés ont un salaire mensuel compris entre 6 000 F et 8 000 F **et** une ancienneté comprise entre 10 ans et 15 ans.

② **Dressons un tableau contenant les distributions marginales du salaire et de l'ancienneté :**

X \ Y	[0, 5[	[5, 10[	[10, 15[	[15, 20[	[20, 25[	$n_{i\bullet}$
[4 000, 5 000[	18	14	10	8	0	50
[5 000, 6 000[	10	20	19	9	12	70
[6 000, 8 000[	2	12	17	19	5	55
[8 000, 10 000[	0	4	4	7	10	25
$n_{\bullet j}$	30	50	50	43	27	200

Les effectifs marginaux du caractère *X* sont :

- $n_{1\bullet} = 50$,
- $n_{2\bullet} = 70$,
- $n_{3\bullet} = 55$,
- $n_{4\bullet} = 25$.

Les effectifs marginaux du caractère *Y* sont :

- $n_{\bullet 1} = 30$,

- $n_{\bullet 2} = 50$,

- $n_{\bullet 3} = 50$,

- $n_{\bullet 4} = 43$,

- $n_{\bullet 5} = 27$.

Enfin, l'effectif total est :

$n_{\bullet\bullet} = 200$.

(3) Dressons un tableau contenant les fréquences partielles sur l'effectif total et les fréquences marginales :

Nous savons que la fréquence partielle sur l'effectif total f_{ij} correspond à la proportion d'individus satisfaisant à la fois à la modalité x_i et à la modalité y_j : $\boxed{f_{ij} = \frac{n_{ij}}{n_{\bullet\bullet}}}$.

De plus, la fréquence marginale de l'observation $(X = x_i)$ est notée $f_{i\bullet}$ et est donnée par la formule : $\boxed{f_{i\bullet} = \frac{n_{i\bullet}}{n_{\bullet\bullet}}}$.

Enfin, la fréquence marginale de l'observation $(Y = y_j)$ est notée $f_{\bullet j}$ et est donnée par la formule : $\boxed{f_{\bullet j} = \frac{n_{\bullet j}}{n_{\bullet\bullet}}}$.

D'où le tableau suivant :

X \ Y	[0, 5[	[5, 10[	[10, 15[	[15, 20[	[20, 25[	$f_{i\bullet}$
[4 000, 5 000[	0,09	0,07	0,05	0,04	0	0,25
[5 000, 6 000[	0,05	0,1	0,095	0,045	0,06	0,35
[6 000, 8 000[	0,01	0,06	0,085	0,095	0,025	0,275
[8 000, 10 000[	0	0,02	0,02	0,035	0,05	0,125
$f_{\bullet j}$	0,15	0,25	0,25	0,215	0,135	1

Les fréquences partielles sur l'effectif total sont :

- $f_{11} = 0{,}09$,
- $f_{12} = 0{,}07$,
- $f_{13} = 0{,}05$,
- $f_{14} = 0{,}04$,
- $f_{15} = 0$,
- $f_{21} = 0{,}05$,
- $f_{22} = 0{,}1$,
- $f_{23} = 0{,}095$,
- $f_{24} = 0{,}045$,
- $f_{25} = 0{,}06$,
- $f_{31} = 0{,}01$,
- $f_{32} = 0{,}06$,
- $f_{33} = 0{,}085$,
- $f_{34} = 0{,}095$,
- $f_{35} = 0{,}025$,
- $f_{41} = 0$,
- $f_{42} = 0{,}02$,
- $f_{43} = 0{,}02$,
- $f_{44} = 0{,}035$,
- $f_{45} = 0{,}05$.

De plus, nous avons bien : $\boxed{\sum_{i=1}^{4} \sum_{j=1}^{5} f_{ij} = 1}$.

Les fréquences marginales du caractère X sont :

- $f_{1\bullet} = 0{,}25$,
- $f_{2\bullet} = 0{,}35$,
- $f_{3\bullet} = 0{,}275$,
- $f_{4\bullet} = 0{,}125$.

De plus, nous avons bien : $\boxed{\sum_{i=1}^{4} f_{i\bullet} = 1}$.

Les fréquences marginales du caractère Y sont :

- $f_{\bullet 1} = 0{,}15$,
- $f_{\bullet 2} = 0{,}25$,
- $f_{\bullet 3} = 0{,}25$,
- $f_{\bullet 4} = 0{,}215$,
- $f_{\bullet 5} = 0{,}135$.

De plus, nous avons bien : $\boxed{\sum_{j=1}^{5} f_{\bullet j} = 1}$.

(4) Donnons la signification de f_{12} :

Nous savons que $f_{12} = 0{,}07$ c'est-à-dire $f_{12} = 7\ \%$.

Cela signifie que 7 % des salariés ont entre 4 000 F et 5 000 F comme salaire mensuel **et** entre 5 ans et 10 ans d'ancienneté.

(5) **Calculons $f_{2/2}$ et $f_{j=1/i=2}$ et interprétons les résultats obtenus :**

Nous savons que la fréquence conditionnelle de $(X = x_i)$ sachant que $(Y = y_j)$ se note $f_{i/j}$ et est donnée par la formule :

$$\boxed{f_{i/j} = \frac{n_{ij}}{n_{\bullet j}}}.$$

De même, la fréquence conditionnelle de $(Y = y_j)$ sachant que $(X = x_i)$ se note $f_{j/i}$ et est donnée par la formule :

$$\boxed{f_{j/i} = \frac{n_{ij}}{n_{i\bullet}}}.$$

Dans ces conditions :

- $f_{2/2} = \frac{20}{50} \Rightarrow \boxed{f_{2/2} = 0{,}40}$.

Cela signifie que parmi les 50 salariés qui ont entre 5 ans et 10 ans d'ancienneté, il en existe 40 % qui ont un salaire mensuel compris entre 5 000 F et 6 000 F.

- $f_{j=1/i=2} = \frac{10}{70} \Rightarrow \boxed{f_{j=1/i=2} \approx 0{,}143}$.

Cela signifie que parmi les 70 salariés qui ont entre 5 000 F et 6 000 F comme salaire mensuel, il en existe 14,3 % qui ont entre 0 et 5 ans d'ancienneté.

(6) **Étudions la distribution du salaire pour les salariés dont l'ancienneté est comprise entre 5 et 10 ans, et la distribution selon l'ancienneté pour les salariés dont le salaire est compris entre 6 000 F et 8 000 F :**

(a) La distribution du salaire pour les salariés dont l'ancienneté est comprise entre 5 et 10 ans :

Il s'agit de calculer :

$f_{i=1/j=2}$, $f_{i=2/j=2}$, $f_{i=3/j=2}$, et $f_{i=4/j=2}$.

Nous savons que la fréquence conditionnelle de $(X = x_i)$ sachant que $(Y = y_i)$ se note $f_{i/j}$ et est donnée par la formule :

$$\boxed{f_{i/j} = \frac{n_{ij}}{n_{\bullet j}}}.$$

Dans ces conditions :

- $f_{i=1/j=2} = \frac{14}{50} \quad \Rightarrow \quad \boxed{f_{i=1/j=2} = 0{,}28}$.

- $f_{i=2/j=2} = \frac{20}{50} \quad \Rightarrow \quad \boxed{f_{i=2/j=2} = 0{,}40}$.

- $f_{i=3/j=2} = \frac{12}{50} \quad \Rightarrow \quad \boxed{f_{i=3/j=2} = 0{,}24}$.

- $f_{i=4/j=2} = \frac{4}{50} \quad \Rightarrow \quad \boxed{f_{i=4/j=2} = 0{,}08}$.

Au total, parmi les 50 salariés qui ont entre 5 ans et 10 ans d'ancienneté, 28 % ont un salaire mensuel entre 4 000 F et 5 000 F, 40 % ont un salaire mensuel entre 5 000 F et 6 000 F, 24 % ont un salaire mensuel entre 6 000 F et 8 000 F, et enfin 8 % ont un salaire mensuel entre 8 000 F et 10 000 F.

(b) <u>La distribution selon l'ancienneté pour les salariés dont le salaire est compris entre 6 000 F et 8 000 F :</u>

Il s'agit de calculer :

$f_{j=1/i=3}$, $f_{j=2/i=3}$, $f_{j=3/i=3}$, $f_{j=4/i=3}$ et $f_{j=5/i=3}$.

Nous savons que la fréquence conditionnelle de $(Y = y_j)$ sachant que $(X = x_i)$ se note $f_{j/i}$ et est donnée par la formule :

$$\boxed{f_{j/i} = \frac{n_{ij}}{n_{i\bullet}}}.$$

Dans ces conditions :

- $f_{j=1/i=3} = \frac{2}{55} \quad \Rightarrow \quad \boxed{f_{j=1/i=3} \approx 0{,}0363}$.

- $f_{j=2/i=3} = \frac{12}{55} \Rightarrow \boxed{f_{j=2/i=3} \approx 0{,}218}$.

- $f_{j=3/i=3} = \frac{17}{55} \Rightarrow \boxed{f_{j=3/i=3} \approx 0{,}310}$.

- $f_{j=4/i=3} = \frac{19}{55} \Rightarrow \boxed{f_{j=4/i=3} \approx 0{,}345}$.

- $f_{j=5/i=3} = \frac{5}{55} \Rightarrow \boxed{f_{j=5/i=3} \approx 0{,}0907}$.

Au total, parmi les 55 salariés qui ont un salaire mensuel compris entre 6 000 F et 8 000 F, 3,63 % ont entre 0 et 5 ans d'ancienneté, 21,8 % ont entre 5 et 10 ans d'ancienneté, 31 % ont entre 10 et 15 ans d'ancienneté, 34,5 % ont entre 15 et 20 ans d'ancienneté, et enfin 9,07 % ont entre 20 et 25 ans d'ancienneté.

(7) **Les caractères *X* et *Y* sont-ils indépendants ?**

Nous savons que les caractères *X* et *Y* sont indépendants si et seulement si :

$$\boxed{f_{ij} = f_{i\bullet} \times f_{\bullet j}}.$$

Or $f_{24} = 0{,}045 \quad f_{2\bullet} = 0{,}35, \quad f_{\bullet 4} = 0{,}215$

et $f_{24} \neq f_{2\bullet} \times f_{\bullet 4}$: en effet, $0{,}045 \neq 0{,}35 \times 0{,}215$.

Dans ces conditions, nous pouvons affirmer que les caractères *X* et *Y* ne sont pas indépendants !

☞ EXERCICE n° 80

ÉNONCÉ :

(1) **Définir la moyenne marginale de *X* et celle de *Y*.**

(2) **Donner la définition de la variance marginale de *X* et en déduire celle de son écart type.**

(3) **Même question en ce qui concerne le caractère quantitatif *Y*.**

CORRIGÉ :

① Définissons la moyenne marginale de *X* et celle de *Y* :

Soient *X* et *Y* deux caractères quantitatifs (discrets ou continus).

La moyenne marginale de *X*, notée $\bar{\bar{x}}$, est donnée par la formule :

$$\boxed{\bar{\bar{x}} = \frac{1}{n_{\bullet\bullet}} \sum_{i=1}^{p} n_{i\bullet}\, x_i},$$

avec :

- p est le nombre de modalités que présente le caractère *X*,
- si *X* est un caractère quantitatif continu, les x_i représentent les centres des classes.

La moyenne marginale de *Y*, notée $\bar{\bar{y}}$, est donnée par la formule :

$$\boxed{\bar{\bar{y}} = \frac{1}{n_{\bullet\bullet}} \sum_{j=1}^{q} n_{\bullet j}\, y_j},$$

avec :

- q est le nombre de modalités que présente le caractère *Y*,
- si *Y* est un caractère quantitatif continu, les y_j représentent les centres des classes.

② Donnons la définition de la variance marginale de *X* et déduisons-en celle de son écart type :

Soit *X* un caractère quantitatif (discret ou continu).

La variance marginale de *X*, notée *V(x)*, est donnée par la formule :

$$\boxed{V(x) = \frac{1}{n_{\bullet\bullet}} \sum_{i=1}^{p} n_{i\bullet}\, (x_i - \bar{\bar{x}})^2},$$

avec :

- p est le nombre de modalités que présente le caractère *X*,
- si *X* est un caractère quantitatif continu, les x_i représentent les centres des classes.

Il est bon de noter que la formule développée de la variance marginale de X est : $$V(x) = \left(\frac{1}{n_{\bullet\bullet}} \sum_{i=1}^{p} n_{i\bullet} x_i^2\right) - \bar{\bar{x}}^2.$$

Dans ces conditions, l'écart type marginal de X, noté σ_x, est donné par la formule : $$\sigma_x = [V(x)]^{1/2}.$$

③ **Donnons la définition de la variance marginale de *Y* et déduisons-en celle de son écart type :**

Soit Y un caractère quantitatif (discret ou continu).

La variance marginale de Y, notée $V(y)$, est donnée par la formule :

$$V(y) = \frac{1}{n_{\bullet\bullet}} \sum_{j=1}^{q} n_{\bullet j} (y_j - \bar{\bar{y}})^2,$$

avec :

- q est le nombre de modalités que présente le caractère Y,
- si Y est un caractère quantitatif continu, les y_j représentent les centres des classes.

Il est bon de noter que la formule développée de la variance marginale de y est : $$V(y) = \left(\frac{1}{n_{\bullet\bullet}} \sum_{j=1}^{q} n_{\bullet j} y_j^2\right) - \bar{\bar{y}}^2.$$

Dans ces conditions, l'écart type marginal de Y, noté σ_y, est donné par la formule : $$\sigma_y = [V(y)]^{1/2}.$$

☞ EXERCICE n° 81

ÉNONCÉ :

Soient *X* et *Y* deux caractères quantitatifs (discrets ou continus).

Supposons que le caractère *X* présente « *p* » modalités et que le caractère *Y* présente « *q* » modalités.

1) **Donner la formule des moyennes conditionnelles de X selon Y.**

2) **Donner la formule des moyennes conditionnelles de Y selon X.**

3) **En déduire les formules des variances conditionnelles de X selon Y et de Y selon X.**

CORRIGÉ :

1) Donnons la formule des moyennes conditionnelles de X selon Y :

Les « q » moyennes conditionnelles de X selon Y sont :

$$\bar{x}_j = \frac{1}{n_{\bullet j}} \sum_{i=1}^{p} n_{ij}\, x_i \quad \text{ou} \quad \bar{x}_j = \sum_{i=1}^{p} f_{i/j}\, x_i ,$$

avec :

- si X est un caractère quantitatif continu, les x_i représentent les centres des classes.

2) Donnons la formule des moyennes conditionnelles de Y selon X :

Les « p » moyennes conditionnelles de Y selon X sont :

$$\bar{y}_i = \frac{1}{n_{i\bullet}} \sum_{j=1}^{q} n_{ij}\, y_j \quad \text{ou} \quad \bar{y}_i = \sum_{j=1}^{q} f_{j/i}\, y_j ,$$

avec :

- si Y est un caractère quantitatif continu, les y_j représentent les centres des classes.

3) Déduisons-en les formules des variances conditionnelles de X selon Y et de Y selon X :

a) Formules des variances conditionnelles de X selon Y :

Les « q » variances conditionnelles de X selon Y sont :

$$V_j(x) = \frac{1}{n_{\bullet j}} \sum_{i=1}^{p} n_{ij}(x_i - \bar{x}_j)^2 ,$$

avec :

- si X est un caractère quantitatif continu, les x_i représentent les centres des classes.

Il est bon de noter que la formule développée des « q » variances conditionnelles de X selon Y est :

$$V_j(x) = \left(\frac{1}{n_{\bullet j}} \sum_{i=1}^{p} n_{ij} \; x_i^2 \right) - \bar{x}_j^2 \; .$$

ⓑ <u>Formules des variances conditionnelles de Y selon X :</u>

Les « p » variances conditionnelles de Y selon X sont :

$$V_i(y) = \frac{1}{n_{i\bullet}} \sum_{j=1}^{q} n_{ij}(y_j - \bar{y}_i)^2 \; ,$$

avec :

- si Y est un caractère quantitatif continu, les y_j représentent les centres des classes.

Il est bon de noter que la formule développée des « p » variances conditionnelles de Y selon X est :

$$V_i(y) = \left(\frac{1}{n_{i\bullet}} \sum_{j=1}^{q} n_{ij} \; y_j^2 \right) - \bar{y}_i^2 \; .$$

☞ EXERCICE n° 82

ÉNONCÉ :

Quelles sont les relations entre les paramètres marginaux et les paramètres conditionnels ?

CORRIGÉ :

Déterminons les relations entre paramètres marginaux et conditionnels :

ⓐ <u>Les relations entre les moyennes :</u>

- $$\boxed{\bar{\bar{x}} = \frac{1}{n_{\bullet\bullet}} \sum_{j=1}^{q} n_{\bullet j}\, \bar{x}_j},$$

- $$\boxed{\bar{\bar{y}} = \frac{1}{n_{\bullet\bullet}} \sum_{i=1}^{p} n_{i\bullet}\, \bar{y}_i}.$$

ⓑ <u>Les relations entre les variances :</u>

Nous avons :

- $$\boxed{V(x) = V(\bar{x}_j) + \overline{V_j(x)}},$$

avec :

- $$\boxed{V(\bar{x}_j) = \frac{1}{n_{\bullet\bullet}} \sum_{j=1}^{q} n_{\bullet j}(\bar{x}_j - \bar{\bar{x}})^2},$$

  $V(\bar{x}_j)$ étant la variance des $\bar{x}_j$;

- $$\boxed{\overline{V_j(x)} = \frac{1}{n_{\bullet\bullet}} \sum_{j=1}^{q} V_j(x)\, n_{\bullet j}}$$

  $\overline{V_j(x)}$ étant la moyenne des $V_j(x)$.

- $$\boxed{V(y) = V(\bar{y}_i) + \overline{V_i(y)}},$$

avec :

- $$\boxed{V(\bar{y}_i) = \frac{1}{n_{\bullet\bullet}} \sum_{i=1}^{p} n_{i\bullet}(\bar{y}_i - \bar{\bar{y}})^2},$$

  $V(\bar{y}_i)$ étant la variance des $\bar{y}_i$;

- $$\boxed{\overline{V_i(y)} = \frac{1}{n_{\bullet\bullet}} \sum_{i=1}^{p} V_i(y) n_{i\bullet}},$$

  $\overline{V_i(y)}$ étant la moyenne des $V_i(y)$.

☞ EXERCICE n° 83

ÉNONCÉ :

(1) **Définir les moments simples d'ordre « r » et « s ».**

(2) **Donner la définition des moments centrés d'ordre « r » et « s ».**

(3) **Définir la notion de covariance.**

CORRIGÉ :

(1) **Définissons les moments simples d'ordre « r » et « s » :**

Soient X et Y deux caractères quantitatifs (discrets au continus).
Supposons que le caractère X présente « p » modalités et que le caractère y présente « q » modalités.
Les moments simples d'ordre « r » et « s » sont donnés par la formule :

$$\boxed{m_{r,s} = \frac{1}{n_{\bullet\bullet}} \sum_{i=1}^{p} \sum_{j=1}^{q} n_{ij}\, x_i^r\, y_j^s}\,.$$

Il est bon de noter :

- Si X et Y sont deux caractères quantitatifs continus, les x_i et les y_i représentent les centres des classes.
- $m_{1,0} = \overline{\overline{x}}$ et $m_{0,1} = \overline{\overline{y}}$.

(2) **Donnons la définition des moments centrés d'ordre « r » et « s » :**
Soient X et Y deux caractères quantitatifs (discrets ou continus).
Supposons que le caractère X présente « p » modalités et que le caractère y présente « q » modalités.
Les moments centrés d'ordre « r » et « s » sont donnés par la formule :

$$\boxed{\mu_{r,s} = \frac{1}{n_{\bullet\bullet}} \sum_{i=1}^{p} \sum_{j=1}^{q} n_{ij}\, (x_i - \overline{\overline{x}})^r (y_j - \overline{\overline{y}})^s}\,,$$

avec :

- si X et Y sont deux caractères quantitatifs continus, les x_i et les y_i représentent les centres des classes.

③ Définissons la notion de covariance :

Soient *X* et *Y* deux caractères quantitatifs (discrets ou continus).

Supposons que le caractère *X* présente « *p* » modalités et que le caractère *y* présente « *q* » modalités.

La covariance de deux variables statistiques *X* et *Y* est :

$$\boxed{\operatorname{cov}(x,y) = \frac{1}{n_{\bullet\bullet}} \sum_{i=1}^{p} \sum_{j=1}^{q} n_{ij}(x_i - \bar{\bar{x}})\ (y_j - \bar{\bar{y}})}.$$

La formule développée de la covariance est :

$$\boxed{\operatorname{cov}(x,y) = \left(\frac{1}{n_{\bullet\bullet}} \sum_{i=1}^{p} \sum_{j=1}^{q} n_{ij}\ x_i\ y_j \right) - \bar{\bar{x}}\bar{\bar{y}}}.$$

Il est bon de noter :

- Si *X* et *Y* sont deux caractères quantitatifs continus, les x_i et les y_j représentent les centres des classes.
- $\operatorname{cov}(x, y) = \mu_{1,1}$.
- $\operatorname{cov}(x, y) = \operatorname{cov}(y, x)$.
- Si *X* et *Y* sont statistiquement indépendants, alors $\operatorname{cov}(x, y) = 0$; cela étant la réciproque est, en général, fausse.
- $\operatorname{cov}(x, x) = V(x)$ et $\operatorname{cov}(y, y) = V(y)$.

☞ EXERCICE n° 84

ÉNONCÉ :

① Donner la définition du coefficient de corrélation linéaire entre deux caractères quantitatifs *X* et *Y*.

② Si *X* et *Y* sont statistiquement indépendants, quelle est la valeur du coefficient de corrélation linéaire?

③ À quoi est égale la covariance suivante : $\operatorname{cov}(ax + b, cy + d)$?

CORRIGÉ :

(1) **Donnons la définition du coefficient de corrélation linéaire entre deux caractères quantitatifs *X* et *Y* :**

Le coefficient de corrélation linéaire entre *X* et *Y* est donné par la formule :

$$\boxed{r(x, y) = \frac{\operatorname{cov}(x, y)}{\sigma_x \sigma_y}}.$$

(2) **Déterminons la valeur du coefficient de corrélation linéaire entre *X* et *Y* si ces deux variables sont statistiquement indépendantes :**

Si *X* et *Y* sont deux caractères quantitatifs statistiquement indépendants **alors** : $\operatorname{cov}(x, y) = 0 \Leftrightarrow r(x, y) = 0$.

Il est bon de noter qu'il s'agit d'une **implication** (entre *X* et *Y* indépendants et $r(x, y) = 0$) et **non d'une équivalence** !

$$\boxed{X \text{ et } Y \text{ indépendants } \Rightarrow r(x, y) = 0}.$$

(3) **À quoi est égale $\operatorname{cov}(ax + b, cy + d)$?**

$$\boxed{\operatorname{cov}(ax + b, cy + d) = a.\, c.\, \operatorname{cov}(x, y)}.$$

☞ EXERCICE n° 85

ÉNONCÉ :

Le tableau suivant donne la répartition de 100 salariés en fonction du salaire mensuel *X* exprimé en francs et du nombre d'enfants *Y* qu'ils ont :

X \ Y	0	1	2	3	$n_{i\bullet}$
[5 000, 10 000[	27	3	7	0	37
[10 000, 20 000[	6	12	21	9	48
[20 000, 40 000[	0	9	3	3	15
$n_{\bullet j}$	33	24	31	12	$n_{\bullet\bullet} = 100$

(1) **Calculer les moyennes marginales.**

(2) **Déterminer les variances marginales.**

CORRIGÉ :

(1) **Calculons les moyennes marginales :**

(a) La moyenne marginale de X :

X est ici un caractère quantitatif continu.
Nous savons que la moyenne marginale de X, notée $\overline{\overline{x}}$, est donnée par la formule :

$$\boxed{\overline{\overline{x}} = \frac{1}{n_{\bullet\bullet}} \sum_{i=1}^{3} n_{i\bullet}\, x_i}$$, les x_i étant les centres des classes.

Application numérique :

$$\overline{\overline{x}} = \frac{1}{100}[(37 + 7\,500) + (48 \times 15\,000) + (15 \times 30\,000)]$$

$$\Rightarrow \boxed{\overline{\overline{x}} = 14\,475 \text{ F}}.$$

Au total, la moyenne marginale de X est : $\overline{\overline{x}} = 14\,475$ F.

(b) La moyenne marginale de Y :

Y est ici un caractère quantitatif discret.
Nous savons que la moyenne marginale de Y, notée $\overline{\overline{y}}$, est donnée par la formule :

$$\boxed{\overline{\overline{y}} = \frac{1}{n_{\bullet\bullet}} \sum_{j=0}^{3} n_{\bullet j}\, y_j}.$$

Application numérique :

$$\overline{\overline{y}} = \frac{1}{100}[(33 \times 0) + (24 \times 1) + (31 \times 2) + (12 \times 3)]$$

$$\Rightarrow \boxed{\overline{\overline{y}} = 1{,}22 \quad \text{enfants}}.$$

Au total, la moyenne marginale de Y est : $\overline{\overline{y}} = 1{,}22$ enfants.

② Calculons les variances marginales :

ⓐ <u>La variance marginale de X :</u>

X est ici un caractère quantitatif continu.

Nous savons que la formule développée de la variance marginale

de X est : $$\boxed{V(x) = \left(\frac{1}{n_{\bullet\bullet}}\sum_{i=1}^{3} n_{i\bullet}.x_i^2\right) - \bar{\bar{x}}^2},$$

les x_i étant les centres des classes.

Application numérique :

$$V(x) = \left(\frac{(37 \times 7\,500^2) + (48 \times 15\,000^2) + (15 \times 30\,000^2)}{100}\right) - 14475^2$$

$$\Rightarrow \boxed{V(x) = 54\,286\,875}.$$

Au total, la variance marginale de X est : $V(x) = 54\,286\,875$.

ⓑ <u>La variance marginale de Y :</u>

Y est ici un caractère quantitatif discret.

Nous savons que la formule développée de la variance marginale

de Y est : $$\boxed{V(y) = \left(\frac{1}{n_{\bullet\bullet}}\sum_{j=0}^{3} n_{\bullet j}\, y_j^2\right) - \bar{\bar{y}}^2}.$$

Application numérique :

$$V(y) = \left(\frac{(33 \times 0^2) + (24 \times 1^2) + (31 \times 2^2) + (12 \times 3^2)}{100}\right) - 1{,}22^2$$

$$\Rightarrow \boxed{V(y) = 1{,}0716}.$$

Au total, la variance marginale de Y est : $V(y) = 1{,}0716$.

☞ EXERCICE n° 86

ÉNONCÉ :

Soit la distribution statistique de deux caractères quantitatifs discrets *X* et *Y* définie par le tableau de contingence :

valeurs de *Y* / valeurs de *X*	1	2	3	4	$n_{i\bullet}$
0	3	6	9	12	30
1	1	7	3	3	14
2	18	7	24	7	56
$n_{\bullet j}$	22	20	36	22	$n_{\bullet\bullet} = 100$

① **Représenter graphiquement la statistique double (*X*, *Y*) par un nuage de points.**

② **Calculer les moyennes marginales.**

③ **Déterminer les variances marginales.**

④ **Calculer les caractéristiques conditionnelles.**

⑤ **Déterminer $\text{cov}(x, y)$.**

⑥ **Les caractères *X* et *Y* sont-ils indépendants?**

CORRIGÉ :

① **Représentons graphiquement la statistique double (*X*, *Y*) par un nuage de points :**

Nous avons le graphique suivant :

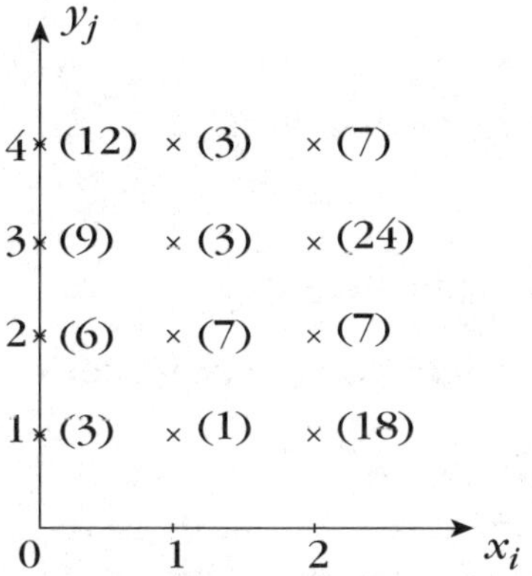

② Calculons les moyennes marginales :

ⓐ <u>La moyenne marginale de X :</u>

X est ici un caractère quantitatif discret.
Nous savons que la moyenne marginale de X, notée $\bar{\bar{x}}$, est donnée par la formule :

$$\boxed{\bar{\bar{x}} = \frac{1}{n_{\bullet\bullet}} \sum_{i=0}^{2} n_{i\bullet}.x_i}\ .$$

<u>Application numérique</u> **:**

$$\bar{\bar{x}} = \frac{1}{100}[(30 \times 0) + (14 \times 1) + (56 \times 2)]$$

$$\Rightarrow \boxed{\bar{\bar{x}} = 1{,}26}\ .$$

Au total, la moyenne marginale de x est : $\bar{\bar{x}} = 1{,}26$.

ⓑ <u>La moyenne marginale de Y :</u>

Y est ici un caractère quantitatif discret.

Nous savons que la moyenne marginale de Y, notée $\bar{\bar{y}}$, est donnée par la formule :

$$\boxed{\bar{\bar{y}} = \frac{1}{n_{\bullet\bullet}} \sum_{j=1}^{4} n_{\bullet j}\ y_j}\ .$$

Application numérique :

$$\bar{\bar{y}} = \frac{1}{100}[(22 \times 1) + (20 \times 2) + (36 \times 3) + (22 \times 4)]$$

$$\Rightarrow \boxed{\bar{\bar{y}} = 2{,}85}.$$

Au total, la moyenne marginale de Y est : $\bar{\bar{y}} = 2{,}85$.

③ **Déterminons les variances marginales :**

ⓐ La variance marginale de X :

X est ici un caractère quantitatif discret.
Nous savons que la formule développée de la variance marginale

de X est : $\boxed{V(x) = \left(\frac{1}{n_{\bullet\bullet}} \sum_{i=0}^{2} n_{i\bullet} x_i^2\right) - \bar{\bar{x}}^2}$.

Application numérique :

$$V(x) = \left(\frac{(30 \times 0^2) + (14 \times 1^2) + (56 \times 2^2)}{100}\right) - 1{,}26^2$$

$$\Rightarrow \boxed{V(x) = 0{,}7924}.$$

Au total, la variance marginale de X est : $V(x) = 0{,}7924$.

ⓑ La variance marginale de Y :

Y est ici un caractère quantitatif discret.
Nous savons que la formule développée de la variance marginale

de Y est : $\boxed{V(y) = \left(\frac{1}{n_{\bullet\bullet}} \sum_{j=1}^{4} n_{\bullet j} y_j^2\right) - \bar{\bar{y}}^2}$.

Application numérique :

$$V(y) = \left(\frac{(22 \times 1^2) + (20 \times 2^2) + (36 \times 3^2) + (22 \times 4^2)}{100}\right) - 2{,}58^2$$

$$\Rightarrow \boxed{V(y) = 1{,}1236}.$$

Au total, la variance marginale de Y est : $V(y) = 1{,}1236$.

④ Calculons les caractéristiques conditionnelles :

ⓐ <u>Les moyennes conditionnelles de X selon Y :</u>

Les « 4 » moyennes conditionnelles de X selon Y sont :

$$\boxed{\bar{x}_j = \frac{1}{n_{\bullet j}} \sum_{i=0}^{2} n_{ij}\, x_i}.$$

Application numérique :

- $\bar{x}_1 = \frac{1}{22}[(3 \times 0) + (1 \times 1) + (18 \times 2)]$

$$\Rightarrow \boxed{\bar{x}_1 = \frac{37}{22}}.$$

- $\bar{x}_2 = \frac{1}{20}[(6 \times 0) + (7 \times 1) + (7 \times 2)]$

$$\Rightarrow \boxed{\bar{x}_2 = \frac{21}{20}}.$$

- $\bar{x}_3 = \frac{1}{36}[(9 \times 0) + (3 \times 1) + (24 \times 2)]$

$$\Rightarrow \boxed{\bar{x}_3 = \frac{51}{36}}.$$

- $\bar{x}_4 = \frac{1}{22}[(12 \times 0) + (3 \times 1) + (7 \times 2)]$

$$\Rightarrow \boxed{\bar{x}_4 = \frac{17}{22}}.$$

ⓑ <u>Les moyennes conditionnelles de Y selon X :</u>

Les « 3 » moyennes conditionnelles de Y selon X sont :

$$\boxed{\bar{y}_i = \frac{1}{n_{i\bullet}} \sum_{j=1}^{4} n_{ij}\, y_j}.$$

Application numérique :

- $\bar{y}_0 = \frac{1}{30}[(3 \times 1) + (6 \times 2) + (9 \times 3) + (12 \times 4)]$

$$\Rightarrow \boxed{\bar{y}_0 = 3}.$$

- $\bar{y}_1 = \frac{1}{14}[(1 \times 1) + (7 \times 2) + (3 \times 3) + (3 \times 4)]$

$$\Rightarrow \boxed{\bar{y}_1 = \frac{36}{14}}.$$

- $\bar{y}_2 = \frac{1}{56}[(18 \times 1) + (7 \times 2) + (24 \times 3) + (7 \times 4)]$

$$\Rightarrow \boxed{\bar{y}_2 = \frac{132}{56}}.$$

(c) Les variances conditionnelles de X selon Y :

Les « 4 » variances conditionnelles de X selon Y sont :

$$\boxed{V_j(x) = \left(\frac{1}{n_{\bullet j}} \sum_{i=0}^{2} n_{ij}\, x_i^2\right) - \bar{x}_j^2}.$$

Application numérique :

- $V_1(x) = \left(\frac{(3 \times 0^2) + (1 \times 1^2) + (18 \times 2^2)}{22}\right) - \left(\frac{37}{22}\right)^2$

$$\Rightarrow \boxed{V_1(x) = \frac{237}{484}}.$$

- $V_2(x) = \left(\frac{(6 \times 0^2) + (7 \times 1^2) + (7 \times 2^2)}{20}\right) - \left(\frac{21}{20}\right)^2$

$$\Rightarrow \boxed{V_2(x) = \frac{259}{400}}.$$

- $V_3(x) = \left(\frac{(9 \times 0^2) + (3 \times 1^2) + (24 \times 2^2)}{36}\right) - \left(\frac{51}{36}\right)^2$

$$\Rightarrow \boxed{V_3(x) = \frac{963}{1\,296}}.$$

- $V_4(x) = \left(\frac{(12 \times 0^2) + (3 \times 1^2) + (7 \times 2^2)}{22}\right) - \left(\frac{17}{22}\right)^2$

$$\Rightarrow \boxed{V_4(x) = \frac{393}{484}}.$$

(d) Les variances conditionnelles de *Y* selon *X* :

Les « 3 » variances conditionnelles de *Y* selon *X* sont :

$$\boxed{V_i(y) = \left(\frac{1}{n_{i\bullet}} \sum_{j=1}^{4} n_{ij} y_j^2\right) - \bar{y}_i^2}.$$

Application numérique :

- $$V_0(y) = \left(\frac{(3 \times 1^2) + (6 \times 2^2) + (9 \times 3^2) + (12 \times 4^2)}{30}\right) - 3^2$$

$$\Rightarrow \boxed{V_0(y) = 1}.$$

- $$V_1(y) = \left(\frac{(1 \times 1^2) + (7 \times 2^2) + (3 \times 3^2) + (3 \times 4^2)}{14}\right) - \left(\frac{36}{14}\right)^2$$

$$\Rightarrow \boxed{V_1(y) = \frac{160}{196}}.$$

- $$V_2(y) = \left(\frac{(18 \times 1^2) + (7 \times 2^2) + (24 \times 3^2) + (7 \times 4^2)}{56}\right) - \left(\frac{132}{56}\right)^2$$

$$\Rightarrow \boxed{V_2(y) = \frac{3\,520}{3\,136}}.$$

(5) **Déterminons $\mathrm{cov}(x, y)$:**

X et *Y* sont deux caractères quantitatifs discrets.

Nous savons que la covariance de deux variables statistiques *X* et *Y* est :

$$\boxed{\mathrm{cov}(x, y) = \left(\frac{1}{n_{\bullet\bullet}} \sum_{i=0}^{2} \sum_{j=1}^{4} n_{ij} x_i y_j\right) - \bar{\bar{x}}\,\bar{\bar{y}}}.$$

Application numérique :

$$\mathrm{cov}(x, y) = \left[\begin{array}{l} \dfrac{(3 \times 0 \times 1) + (6 \times 0 \times 2) + (9 \times 0 \times 3) + (12 \times 0 \times 4)}{100} \\ + \dfrac{(1 \times 1 \times 1) + (7 \times 1 \times 2) + (3 \times 1 \times 3) + (3 \times 1 \times 4)}{100} \\ + \dfrac{(18 \times 2 \times 1) + (7 \times 2 \times 2) + (24 \times 2 \times 3) + (7 \times 2 \times 4)}{100} \end{array}\right] - (1{,}26)(2{,}58)$$

$$\Rightarrow \boxed{\mathrm{cov}(x, y) = -0{,}2508}.$$

(6) **Les caractères X et Y sont-ils indépendants ?**

Nous savons que si X et Y sont statistiquement indépendants, alors $\text{cov}(x, y) = 0$.

Or ici $\text{cov}(x, y) = -0{,}2508$.

Par conséquent, nous pouvons affirmer que les caractères X et Y ne sont pas indépendants.

☞ EXERCICE n° 87

ÉNONCÉ :

À l'oral d'un examen, chaque candidat est interrogé en Macro-économie où il obtient la note X et en Micro-économie où il obtient la note Y (notes sur 20).

Les résultats obtenus pour 100 candidats sont donnés dans le tableau suivant :

X \ Y	[0, 10[	[10, 20[	$n_{i\bullet}$
[0, 5[	21	33	54
[5, 10[	7	21	28
[10, 20[	12	6	18
$n_{\bullet j}$	40	60	$n_{\bullet\bullet} = 100$

(1) **Représenter graphiquement la statistique double (X, Y) par un nuage de points.**

(2) **Calculer les moyennes marginales.**

(3) **Déterminer les variances marginales.**

(4) **Calculer les caractéristiques conditionnelles de X selon Y.**

(5) **Déterminer $\text{cov}(x, y)$ et en déduire si les caractères X et Y sont indépendants.**

CORRIGÉ :

(1) **Représentons graphiquement la statistique double (X, Y) par un nuage de points :**

Nous avons le graphique suivant :

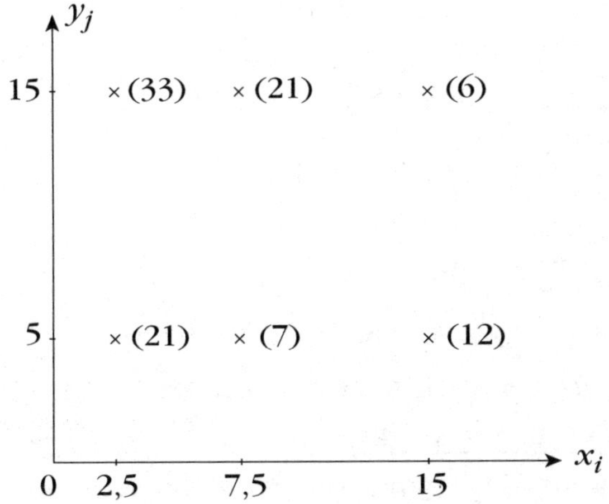

Il est bon de noter que les coordonnées de chacun des points sont les centres des classes !

(2) **Calculons les moyennes marginales :**

(a) <u>La moyenne marginale de X :</u>

X est ici un caractère quantitatif continu.
Nous savons que la moyenne marginale de X, notée $\overline{\overline{x}}$, est donnée par la formule :

$$\boxed{\overline{\overline{x}} = \frac{1}{n_{\bullet\bullet}} \sum_{i=1}^{3} n_{i\bullet}.x_i}$$, les x_i étant les centres des classes.

<u>Application numérique</u> :

$$\overline{\overline{x}} = \frac{1}{100}[(54 \times 2{,}5) + (28 \times 7{,}5) + (18 \times 15)]$$

$$\Rightarrow \boxed{\overline{\overline{x}} = 6{,}15}.$$

Au total, la moyenne marginale de X est : $\overline{\overline{x}} = 6{,}15$ sur 20.

Ⓑ La moyenne marginale de Y :

Y est ici un caractère quantitatif continu.

Nous savons que la moyenne marginale de Y, notée $\bar{\bar{y}}$, est donnée par la formule :

$$\boxed{\bar{\bar{y}} = \frac{1}{n_{\bullet\bullet}} \sum_{j=1}^{2} n_{\bullet j} y_j}$$, les y_j étant les centres des classes.

Application numérique :

$$\bar{\bar{y}} = \frac{1}{100}[(40 \times 5) + (60 \times 15)]$$

$$\Rightarrow \boxed{\bar{\bar{y}} = 11}.$$

Au total, la moyenne marginale de y est : $\bar{\bar{y}} = 11$ sur 20.

③ **Déterminons les variances marginales :**

ⓐ La variance marginale de X :

X est ici un caractère quantitatif continu.

Nous savons que la formule développée de la variance marginale de X est : $\boxed{V(x) = \left(\frac{1}{n_{\bullet\bullet}} \sum_{i=1}^{3} n_{i\bullet} x_i^2\right) - \bar{\bar{x}}^2}$, les x_i étant les centres des classes.

Application numérique :

$$V(x) = \left(\frac{(54 \times 2,5^2) + (28 \times 7,5^2) + (18 \times 15^2)}{100}\right) - 6,15^2$$

$$\Rightarrow \boxed{V(x) = 21,8025}.$$

Au total, la variance marginale de X est : $V(x) = 21,8025$.

Ⓑ La variance marginale de Y :

Y est ici un caractère quantitatif continu.

Nous savons que la formule développée de la variance marginale de Y est :

$$\boxed{V(y) = \left(\frac{1}{n_{\bullet\bullet}} \sum_{j=1}^{2} n_{\bullet j} y_j^2\right) - \bar{\bar{y}}^2}$$, les y_j étant les centres des classes.

Application numérique :

$$V(y) = \left(\frac{(40 \times 5^2) + (60 \times 15^2)}{100}\right) - 11^2$$

$$\Rightarrow \boxed{V(y) = 24}.$$

Au total, la variance marginale de Y est : $V(y) = 24$.

④ Calculons les caractéristiques conditionnelles de X selon Y :

ⓐ Les moyennes conditionnelles de X selon Y :

Les « 2 » moyennes conditionnelles de X selon Y sont :

$$\boxed{\bar{x}_j = \frac{1}{n_{\bullet j}} \sum_{i=1}^{3} n_{ij}\, x_i}$$, les x_i étant les centres des classes.

Application numérique :

- $\bar{x}_1 = \frac{1}{40}[(21 \times 2,5) + (7 \times 7,5) + (12 \times 15)]$

$$\Rightarrow \boxed{\bar{x}_1 = 7{,}125}.$$

- $\bar{x}_2 = \frac{1}{60}[(33 \times 2,5) + (21 \times 7,5) + (6 \times 15)]$

$$\Rightarrow \boxed{\bar{x}_2 = 5{,}5}.$$

ⓑ Les variances conditionnelles de X selon Y :

Les « 2 » variances conditionnelles de X selon Y sont :

$$\boxed{V_j(x) = \left(\frac{1}{n_{\bullet j}} \sum_{i=1}^{3} n_{ij}\ x_i^2\right) - \bar{x}_j^2}$$, les x_i étant les centres des classes.

Application numérique :

- $V_1(x) = \left(\frac{(21 \times 2{,}5^2) + (7 \times 7{,}5^2) + (12 \times 15^2)}{40}\right) - 7{,}125^2$

$$\Rightarrow \boxed{V_1(x) \approx 29{,}859}.$$

- $V_2(x) = \left(\frac{(33 \times 2{,}5^2) + (21 \times 7{,}5^2)(6 \times 15^2)}{60}\right) - 5{,}5^2$

$$\Rightarrow \boxed{V_2(x) = 15{,}375}.$$

(5) Déterminons $\text{cov}(x, y)$ et déduisons-en si les caractères *X* et *Y* sont indépendants :

X et *Y* sont deux caractères quantitatifs continus.

Nous savons que la covariance de deux variables statistiques *X* et *Y* est :

$$\boxed{\text{cov}(x, y) = \left(\frac{1}{n_{\cdot\cdot}} \sum_{i=1}^{3} \sum_{j=1}^{2} n_{ij} x_i y_j\right) - \bar{\bar{x}}\bar{\bar{y}}}.$$

Application numérique :

$\text{cov}(x, y) =$

$$\left[\frac{(21 \times 2,5 \times 5) + (33 \times 2,5 \times 15) + (7 \times 7,5 \times 5) + (21 \times 7,5 \times 15)}{100} + \frac{(12 \times 15 \times 5) + (6 \times 15 \times 15)}{100}\right]$$

$$-(6{,}15)(11)$$

$$\Rightarrow \boxed{\text{cov}(x, y) = -3{,}9}.$$

Enfin, nous savons que si *X* et *Y* sont statistiquement indépendants, alors $\text{cov}(x, y) = 0$.

Or ici $\text{cov}(x, y) = -3{,}9$.

Par conséquent, nous pouvons affirmer que les caractères *X* et *Y* ne sont pas indépendants.

VIII
RÉGRESSION, AJUSTEMENT ET CORRÉLATION

Notion de courbes de régression – Propriétés des courbes de régression – Les différentes liaisons entre deux variables – La méthode des moindres carrés ordinaires « MCO » :

- **Détermination des coefficients de régression ;**
- **Les coefficients de corrélation, de détermination, d'amélioration et leurs propriétés respectives ;**
- **La notion de variance résiduelle.**

☞ EXERCICE n° 88

ÉNONCÉ :

(1) Définir la notion de courbes de régression.

(2) Quelles sont les propriétés des courbes de régression?

(3) Analyser les différentes liaisons pouvant exister entre deux variables.

CORRIGÉ :

(1) Définissons la notion de courbes de régression :

Soit (X, Y) une statistique à deux dimensions. On s'intéresse à une liaison éventuelle entre ces deux caractères qui sont supposés quantitatifs.

Les courbes de régression ont pour objet de mettre graphiquement en évidence la forme de la relation existant entre deux variables, sans faire aucune hypothèse préalable sur la forme de cette relation.

Ainsi, les courbes de régression résument le nuage de points c'est-à-dire représentent sur le plan, l'allure de la distribution à deux caractères.

Dans ces conditions, il sera toujours possible de construire et de tracer les courbes de régression, quelle que soit la forme de la relation entre les variables.

Enfin, il est bon de noter qu'à partir d'une distribution statistique à deux dimensions, deux courbes de régression distinctes peuvent être établies :

- La courbe de régression de X en Y est la courbe mettant en correspondance les valeurs de Y et les valeurs de X, Y étant la variable explicative et X la variable expliquée.

En fait, on effectue une régression de X en Y, lorsqu'on cherche à expliquer X par Y.

Ainsi, la droite ayant pour équation : $x = ay + b$ est dite droite de régression de *x* en *y*.

La courbe de régression de *X* en *Y* est notée $C_{X/Y}$.

- La courbe de régression de *Y* en *X* est la courbe mettant en correspondance les valeurs de *Y* et les valeurs de *X*, *X* étant la variable explicative et *Y* étant la variable expliquée.

En fait, on effectue une régression de *Y* en *X*, lorsqu'on cherche à expliquer *Y* par *X*.

Ainsi, la droite ayant pour équation : $y = ax + b$ est dite droite de régression de *y* en *x*.

La courbe de régression de *Y* en *X* est notée $C_{Y/X}$.

(2) Déterminons les propriétés des courbes de régression :

Les propriétés des courbes de régression sont au nombre de trois :

- La somme et la moyenne des carrés des distances entre les points du nuage et les courbes de régression sont minimales.
- Les deux courbes de régression se coupent en un point : le point *A* de coordonnées $(\bar{x}, \bar{y})$ qu'on appelle le centre de gravité ou point moyen du nuage.
- La pente en valeur absolue de la courbe de régression de *X* en *Y* est supérieure à la pente en valeur absolue de la courbe de régression de *Y* en *X*.

(3) Analysons les différentes liaisons pouvant exister entre deux variables :

Nous pouvons distinguer plusieurs formes de liaison :

- La liaison entre deux variables est positive si et seulement si ces deux variables varient dans le même sens.
- La liaison entre deux variables est négative si et seulement si ces deux variables varient en sens contraire.
- La liaison entre deux variables est nulle si les variations de l'une n'entraînent pas de variations de l'autre.

On parle d'indépendance totale.

- La liaison entre deux variables est dite fonctionnelle si la connaissance de la valeur prise par l'une des variables permet de connaître précisément la valeur prise par l'autre variable.

On parle de dépendance totale.

- La liaison entre deux variables est dite relative (cas général!) si la connaissance de la valeur prise par l'une des variables apporte une partie de l'information nécessaire pour connaître la valeur prise par l'autre variable.

En fait, la liaison est dite relative si et seulement si les deux variables sont dépendantes l'une de l'autre dans une certaine mesure.

Nous pouvons résumer ces différentes liaisons à l'aide des représentations graphiques suivantes : (les liaisons sont ici supposées linéaires)

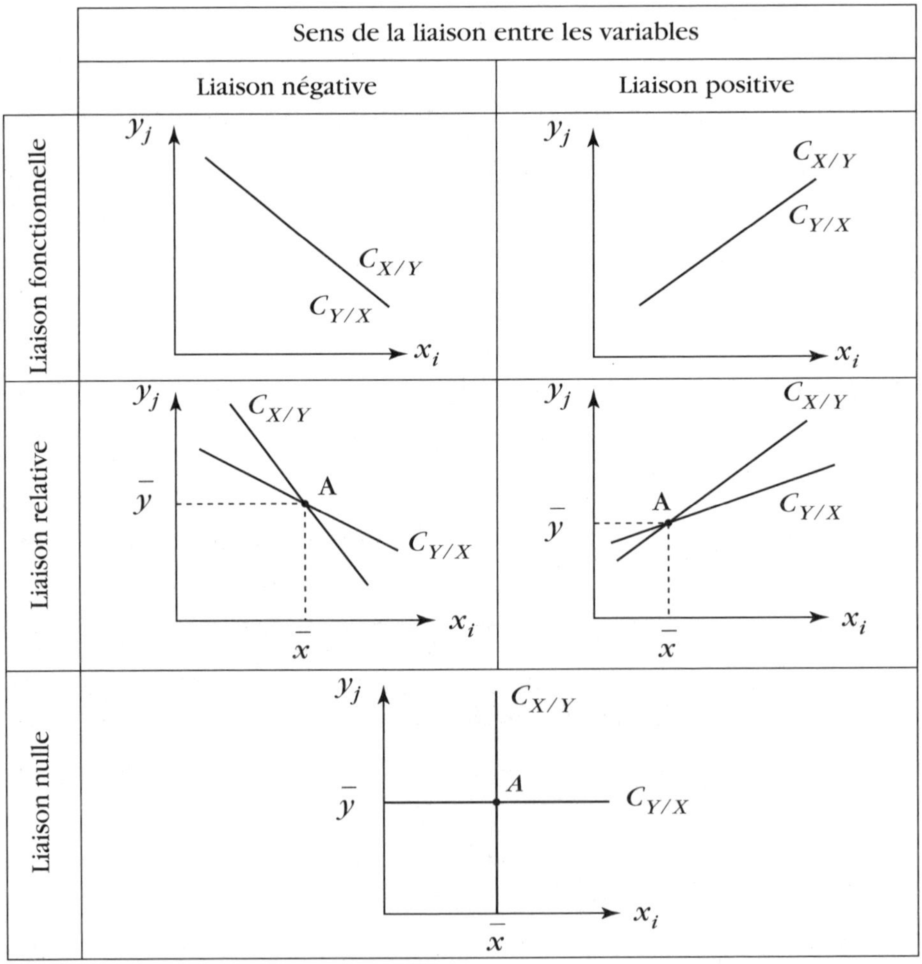

☞ EXERCICE n° 89

ÉNONCÉ :

Existe-t-il des liaisons non linéaires ?

CORRIGÉ :

Existe-t-il des liaisons non linéaires ?

Il existe des liaisons non linéaires.

En général, on en distingue deux :

(a) La fonction exponentielle :

Elle s'écrit mathématiquement :

$y = b \times e^{ax}$ ou $y = e^{ax+b}$ ou $y = e^{(a \operatorname{Log} x + b)}$ etc., a et b étant des coefficients, constantes réelles.

(b) La fonction puissance :

Elle s'écrit mathématiquement :

$y = b \times x^{a}$ ou $y = b \times a^{x}$ etc., a et b étant des coefficients, constantes réelles.

Il est bon de remarquer que nous verrons dans les exercices ultérieurs la manière de déterminer les coefficients « a » et « b ».

☞ EXERCICE n° 90

ÉNONCÉ :

(1) **Quelle est la méthode d'ajustement d'un nuage de points?**

(2) **Soit la droite de régression de Y en X dont l'équation est : $y = ax + b$. Déterminer « $\hat{a}$ » et « $\hat{b}$ ».**

(3) **Soit la droite de régression de X en Y dont l'équation est : $x = a'y + b'$. Déterminer « $\hat{a}'$ » et « $\hat{b}'$ ».**

CORRIGÉ :

(1) **Déterminons la méthode d'ajustement d'un nuage de points :**

Ajuster une fonction mathématique sur un nuage de points consiste à estimer la valeur des coefficients de son équation de manière que sa courbe représentative soit la plus proche possible des points du nuage.

La méthode d'ajustement utilisée est la méthode des Moindres Carrés Ordinaires dite MCO.

La méthode MCO consiste à ajuster une fonction, ici une droite, sur un nuage de points de façon que la somme des carrés des distances entre les points du nuage et cette droite soit minimale.

(2) **Soit la droite de régression de Y en X dont l'équation est : $y = ax + b$, déterminons « $\hat{a}$ » et « $\hat{b}$ » :**

Nous allons chercher la meilleure droite ou sens des MCO.

Il s'agit donc de trouver $\hat{a}$ et $\hat{b}$.

Nous sommes en présence de n couples d'observations (x_i, y_i) qui sont tels que : $y_i = ax_i + b + \varepsilon_i$, ε_i étant le résidu du couple $(x_{i,} y_i)$.

Dans ces conditions, minimiser la somme des carrés des distances entre les points du nuage et la droite ajustée revient à minimiser la somme des carrés des résidus.

Or la somme des carrés des résidus est : $\sum_{i=1}^{n} \varepsilon_i^2$.

Posons : $f(a, b) = \sum_{i=1}^{n} \varepsilon_i^2$.

Nous avons donc : $f(a, b) = \sum_{i=1}^{n} (y_i - ax_i - b)^2$.

À l'optimum, nous avons :

$$\begin{cases} \dfrac{\delta f(a, b)}{\delta a} = 0 \\ \dfrac{\delta f(a, b)}{\delta b} = 0 \end{cases} \Leftrightarrow \begin{cases} 2\sum_{i=1}^{n} (y_i - ax_i - b)(-x_i) = 0 \\ 2\sum_{i=1}^{n} (y_i - ax_i - b)(-1) = 0 \end{cases} \qquad (1)$$

$$(1) \Leftrightarrow \begin{cases} \sum_{i=1}^{n} (y_i - ax_i - b)(x_i) = 0 \\ \sum_{i=1}^{n} (y_i - ax_i - b) = 0 \end{cases}$$

$$\Leftrightarrow \begin{cases} \sum_{i=1}^{n} y_i x_i - a\sum_{i=1}^{n} x_i^2 - b\sum_{i=1}^{n} x_i = 0 \\ \sum_{i=1}^{n} y_i - a\sum_{i=1}^{n} x_i - nb = 0 \end{cases} \qquad (2),$$

or $\bar{x} = \dfrac{\sum_{i=1}^{n} x_i}{n}$ et $\bar{y} = \dfrac{\sum_{i=1}^{n} y_i}{n}$,

$$(2) \Leftrightarrow \begin{cases} \sum_{i=1}^{n} y_i x_i - a\sum_{i=1}^{n} x_i^2 - nb\bar{x} = 0 \\ n\bar{y} - an\bar{x} - nb = 0 \end{cases} \qquad (3)$$

$$(3) \Leftrightarrow \begin{cases} \sum_{i=1}^{n} y_i x_i - a \sum_{i=1}^{n} x_i^2 - n(\bar{y} - a\bar{x})\,\bar{x} = 0 \\ b = \bar{y} - a\bar{x} \end{cases} \qquad (4)$$

$$(4) \Rightarrow \begin{cases} \hat{a} = \dfrac{\sum_{i=1}^{n} y_i x_i - n\bar{y}\bar{x}}{\sum_{i=1}^{n} x_i^2 - n\bar{x}^2} \\ \hat{b} = \bar{y} - \hat{a}\bar{x} \end{cases} .$$

Au total :

- $\boxed{\hat{a} = \dfrac{\sum_{i=1}^{n} y_i x_i - n\bar{y}\bar{x}}{\sum_{i=1}^{n} x_i^2 - n\,\bar{x}^2}}$ et $\boxed{\hat{b} = \bar{y} - \hat{a}\bar{x}}$.
- La droite des moindres carrés a pour équation : $\boxed{y = \hat{a}x + \hat{b}}$.
- $\boxed{\hat{y}_i = \hat{a}x_i + \hat{b}}$.

Il est bon de noter que $\hat{y}_i$ est la valeur estimée de y par la méthode des MCO lorsque $x = x_i$.

- $\hat{a}$ s'appelle le coefficient de régression de y en x.

3 Soit la droite de régression de X en Y dont l'équation est : $x = a'y + b'$, déterminons « $\hat{a}'$ » et « $\hat{b}'$ » :

Nous allons chercher la meilleure droite au sens des MCO.

Il s'agit donc de trouver $\hat{a}'$ et $\hat{b}'$.

Nous sommes en présence de n couples d'observations (x_i, y_i) qui sont tels que : $x_i = a'y_i + b' + \varepsilon_i$, ε_i étant le résidu du couple (x_i, y_i).

Dans ces conditions, minimiser la somme des carrés des distances entre les points du nuage et la droite ajustée revient à minimiser la somme des carrés des résidus.

Or la somme des carrés des résidus est : $\sum_{i=1}^{n} \varepsilon_i^2$.

Posons : $f(a', b') = \sum_{i=1}^{n} \varepsilon_i^2$.

Nous avons donc : $f(a', b') = \sum_{i=1}^{n} (x_i - a'y_i - b')^2$.

À l'optimum, nous avons :

$$\begin{cases} \dfrac{\delta f(a', b')}{\delta a'} = 0 \\ \dfrac{\delta f(a', b')}{\delta b'} = 0 \end{cases} \Leftrightarrow \begin{cases} 2\sum_{i=1}^{n} (x_i - a'y_i - b')(-y_i) = 0 \\ 2\sum_{i=1}^{n} (x_i - a'y_i - b')(-1) = 0 \end{cases} \quad (1)$$

$$(1) \Leftrightarrow \begin{cases} \sum_{i=1}^{n} x_i y_i - a'\sum_{i=1}^{n} y_i^2 - b'\sum_{i=1}^{n} y_i = 0 \\ \sum_{i=1}^{n} x_i - a'\sum_{i=1}^{n} y_i - nb' = 0 \end{cases} \quad (2),$$

$$\text{or } \bar{x} = \frac{\sum_{i=1}^{n} x_i}{n} \quad \text{et} \quad \bar{y} = \frac{\sum_{i=1}^{n} y_i}{n},$$

$$(2) \Leftrightarrow \begin{cases} \sum_{i=1}^{n} x_i y_i - a'\sum_{i=1}^{n} y_i^2 - b'n\bar{y} = 0 \\ n\bar{x} - a'n\bar{y} - nb' = 0 \end{cases} \quad (3)$$

$$(3) \Leftrightarrow \begin{cases} \sum_{i=1}^{n} x_i y_i - a'\sum_{i=1}^{n} y_i^2 - (\bar{x} - a'\bar{y})\,n\bar{y} = 0 \\ b' = \bar{x} - a'\bar{y} \end{cases} \quad (4)$$

$$(4) \Rightarrow \begin{cases} \hat{a}' = \dfrac{\sum_{i=1}^{n} x_i y_i - n\bar{x}\bar{y}}{\sum_{i=1}^{n} y_i^2 - n\bar{y}^2} \\ \hat{b}' = \bar{x} - \hat{a}'\bar{y} \end{cases}.$$

Au total :

- $$\hat{a}' = \frac{\sum_{i=1}^{n} x_i y_i - n\bar{x}\bar{y}}{\sum_{i=1}^{n} y_i^2 - n\bar{y}^2}$$ et $\hat{b}' = \bar{x} - \hat{a}'\bar{y}$.

- La droite des moindres carrés a pour équation : $x = \hat{a}'y + \hat{b}'$.

- $\hat{x}_i = \hat{a}'y_i + \hat{b}'$.

Il est bon de noter que $\hat{x}_i$ est la valeur estimée de x par la méthode des MCO lorsque $y = y_i$.

- $\hat{a}'$ s'appelle le coefficient de régression de x en y.

☞ EXERCICE n° 91

ÉNONCÉ :

(1) **Déterminer les formules de cov(x, y), $V(x)$ et $V(y)$.**

(2) **En déduire trois formules pour $\hat{a}$.**

(3) **Même question pour $\hat{a}'$.**

CORRIGÉ :

(1) **Déterminons les formules de cov(x, y), $V(x)$ et $V(y)$:**

- $$\text{cov}(x, y) = \frac{1}{n} \sum_{i=1}^{n} (x_i - \bar{x})(y_i - \bar{y}),$$

ou $$\text{cov}(x, y) = \left(\frac{1}{n} \sum_{i=1}^{n} x_i y_i\right) - \bar{x}\bar{y}$$ (formule développée de la covariance).

- $$\boxed{V(x) = \frac{1}{n} \sum_{i=1}^{n} (x_i - \bar{x})^2},$$

ou $V(x) = \left(\frac{1}{n} \sum_{i=1}^{n} x_i^2\right) - \bar{x}^2$ (formule développée de $V(x)$).

- $$V(y) = \frac{1}{n} \sum_{i=1}^{n} (y_i - \bar{y})^2$$

ou $\boxed{V(y) = \left(\frac{1}{n} \sum_{i=1}^{n} y_i^2\right) - \bar{y}^2}$ (formule développée de $V(y)$).

② **Déduisons-en trois formules pour $\hat{a}$:**

Les trois formules pour $\hat{a}$ sont :

- $$\boxed{\hat{a} = \frac{\sum_{i=1}^{n} (x_i - \bar{x})(y_i - \bar{y})}{\sum_{i=1}^{n} (x_i - \bar{x})^2}},$$

- $$\boxed{\hat{a} = \frac{\sum_{i=1}^{n} y_i x_i - n\bar{y}\bar{x}}{\sum_{i=1}^{n} x_i^2 - n\bar{x}^2}}$$ (formule développée de $\hat{a}$),

- $$\boxed{\hat{a} = \frac{\operatorname{cov}(x, y)}{V(x)}}.$$

Cela étant, dans les trois cas nous avons toujours : $\hat{b} = \bar{y} - \hat{a}\bar{x}$.

③ **Déduisons-en trois formules pour $\hat{a}'$:**

Les trois formules pour $\hat{a}'$ sont :

- $$\boxed{\hat{a}' = \frac{\sum_{i=1}^{n} (x_i - \bar{x})(y_i - \bar{y})}{\sum_{i=1}^{n} (y_i - \bar{y})^2}},$$

- $$\boxed{\hat{a}' = \frac{\sum_{i=1}^{n} x_i y_i - n\bar{x}\bar{y}}{\sum_{i=1}^{n} y_i^2 - n\bar{y}^2}}$$ (formule développée de $\hat{a}'$),

- $$\boxed{\hat{a}' = \frac{\text{cov}(x, y)}{V(y)}}.$$

Cela étant, dans les trois cas nous avons toujours : $\boxed{\hat{b}' = \bar{x} - \hat{a}'\bar{y}}$.

☞ EXERCICE n° 92

ÉNONCÉ :

Soient les n premiers nombres entiers : $t_1, t_2, t_3 \ldots, t_n$ (t est ici le temps).

(1) Donner les formules de $\sum_{i=1}^{n} t_i$, $\sum_{i=1}^{n} t_i^2$, $V(t)$ et $\text{cov}(y, t)$.

(2) Si y est fonction du temps t, déterminer la droite de régression de y en t.

CORRIGÉ :

(1) Donnons les formules de $\sum_{i=1}^{n} t_i$, $\sum_{i=1}^{n} t_i^2$, $V(t)$ et $\text{cov}(y, t)$:

- $$\boxed{\sum_{i=1}^{n} t_i = \frac{n(n+1)}{2}} \Rightarrow \boxed{\bar{t} = \frac{(n+1)}{2}}.$$

- $$\boxed{\sum_{i=1}^{n} t_i^2 = \frac{n(n+1)(2n+1)}{6}}.$$

- $$\boxed{V(t) = \frac{n^2-1}{12}}.$$

- $$\boxed{\text{cov}(y, t) = \left(\frac{1}{n}\sum_{i=1}^{n} t_i \times y_i\right) - \bar{t}\bar{y}}$$ (formule développée de cov(y, t)).

(2) Si y est fonction du temps t, déterminons la droite de régression de y en t :

Nous allons chercher la meilleure droite au sens des MCO.

Il s'agit donc de trouver $\hat{a}$ et $\hat{b}$ de l'équation : $y = a \times t + b$.

Nous sommes en présence de n couples d'observations (t_i, y_i) qui sont tels que : $y_i = a \times t_i + b + \varepsilon_i$, ε_i étant le résidu du couple (t_i, y_i).

Dans ces conditions, minimiser la somme des carrés des distances entre les points du nuage et la droite ajustée revient à minimiser la somme des carrés des résidus.

Or la somme des carrés des résidus est : $\sum_{i=1}^{n} \varepsilon_i^2$.

Posons : $f(a, b) = \sum_{i=1}^{n} \varepsilon_i^2$.

Nous avons donc : $f(a, b) = \sum_{i=1}^{n} (y_i - a \times t_i - b)^2$.

À l'optimum, nous avons :

$$\begin{cases} \dfrac{\delta f(a, b)}{\delta a} = 0 \\ \dfrac{\delta f(a, b)}{\delta b} = 0 \end{cases} \Leftrightarrow \begin{cases} 2\sum_{i=1}^{n} (y_i - a \times t_i - b)(-t_i) = 0 \\ 2\sum_{i=1}^{n} (y_i - a \times t_i - b)(-1) = 0 \end{cases} \qquad (1)$$

$$(1) \Leftrightarrow \begin{cases} \sum_{i=1}^{n} y_i \times t_i - a \sum_{i=1}^{n} t_i^2 - b \sum_{i=1}^{n} t_i = 0 \\ \sum_{i=1}^{n} y_i - a \sum_{i=1}^{n} t_i - nb = 0 \end{cases} \quad (2),$$

or $\bar{t} = \dfrac{\sum_{i=1}^{n} t_i}{n}$ et $\bar{y} = \dfrac{\sum_{i=1}^{n} y_i}{n}$,

$$(2) \Leftrightarrow \begin{cases} \sum_{i=1}^{n} y_i \times t_i - a \sum_{i=1}^{n} t_i^2 - bn\bar{t} = 0 \\ n\bar{y} - an\bar{t} - nb = 0 \end{cases} \quad (3)$$

$$(3) \Leftrightarrow \begin{cases} \sum_{i=1}^{n} y_i \times t_i - a \sum_{i=1}^{n} t_i^2 - (\bar{y} - a\bar{t})n\bar{t} = 0 \\ b = \bar{y} - a\bar{t} \end{cases} \quad (4)$$

$$(4) \Rightarrow \begin{cases} \hat{a} = \dfrac{\sum_{i=1}^{n} y_i \times t_i - n\bar{y}\bar{t}}{\sum_{i=1}^{n} t_i^2 - n\bar{t}^2} \\ \hat{b} = \bar{y} - \hat{a} \times \bar{t} \end{cases}.$$

Au total :

- $\boxed{\hat{a} = \dfrac{\sum_{i=1}^{n} y_i \times t_i - n\bar{y}\bar{t}}{\sum_{i=1}^{n} t_i^2 - n\bar{t}^2}}$ et $\boxed{\hat{b} = \bar{y} - \hat{a} \times \bar{t}}$.

- La droite des moindres carrés a pour équation : $\boxed{y = \hat{a} \times t + \hat{b}}$.

- $\boxed{\hat{y}_i = \hat{a} \times t_i + \hat{b}}$.

Il est bon de noter que $\hat{y}_i$ est la valeur estimée de y par la méthode des MCO lorsque $t = t_i$.

- $\hat{a}$ s'appelle le coefficient de régression de y en t.
- $\boxed{\hat{a} = \dfrac{\text{cov}(y, t)}{V(t)}}$.

☞ EXERCICE n° 93

ÉNONCÉ :

① **Soit la relation $y = b$, déterminer $\hat{b}$.**

② **Soit la relation $x = a$, déterminer $\hat{a}$.**

③ **Soit la relation $y = ax$, déterminer $\hat{a}$.**

CORRIGÉ :

① **Soit la relation $y = b$, déterminons $\hat{b}$:**

Nous allons chercher la meilleure droite au sens des MCO.

Il s'agit donc de trouver $\hat{b}$ de l'équation : $y = b$.

Nous sommes en présence de n observations qui sont telles que :

$$y_i = b + \varepsilon_i, \quad \varepsilon_i \text{ étant le résidu de l'observation.}$$

Il s'agit de minimiser la somme des carrés des résidus.

Or la somme des carrés des résidus est : $\sum_{i=1}^{n} \varepsilon_i^2 = \sum_{i=1}^{n} (y_i - b)^2$.

À l'optimum, nous avons :

$$\frac{\delta \sum_{i=1}^{n} \varepsilon_i^2}{\delta b} = 0 \Leftrightarrow 2 \sum_{i=1}^{n} (y_i - b)(-1) = 0 \quad (1)$$

$$(1) \Leftrightarrow \sum_{i=1}^{n} (y_i - b) = 0 \Leftrightarrow \sum_{i=1}^{n} y_i - nb = 0 \Rightarrow \hat{b} = \frac{\sum_{i=1}^{n} y_i}{n}.$$

Au total :

- $\boxed{\hat{b} = \frac{\sum_{i=1}^{n} y_i}{n}}$ ou $\boxed{\hat{b} = \bar{y}}$.
- La droite des moindres carrés a pour équation : $\boxed{y = \bar{y}}$.

② Soit la relation $x = a$, déterminons $\hat{a}$:

Nous allons chercher la meilleure droite au sens des MCO.

Il s'agit donc de trouver $\hat{a}$ de l'équation : $x = a$.

Nous sommes en présence de n observations qui sont telles que :

$$x_i = a + \varepsilon_i, \quad \varepsilon_i \text{ étant le résidu de l'observation } i.$$

Il s'agit de minimiser la somme des carrés des résidus.

Or la somme des carrés des résidus est : $\sum_{i=1}^{n} \varepsilon_i^2 = \sum_{i=1}^{n} (x_i - a)^2$.

À l'optimum, nous avons :

$$\frac{\delta \sum_{i=1}^{n} \varepsilon_i^2}{\delta a} = 0 \Leftrightarrow 2 \sum_{i=1}^{n} (x_i - a)(-1) = 0 \quad (1)$$

$$(1) \Leftrightarrow \sum_{i=1}^{n} (x_i - a) = 0 \Leftrightarrow \sum_{i=1}^{n} x_i - na = 0 \Rightarrow \hat{a} = \frac{\sum_{i=1}^{n} x_i}{n}.$$

Au total :

- $\boxed{\hat{a} = \frac{\sum_{i=1}^{n} x_i}{n}}$ ou $\boxed{\hat{a} = \bar{x}}$.
- La droite des moindres carrés a pour équation : $\boxed{x = \bar{x}}$.

③ **Soit la relation $y = ax$, déterminons $\hat{a}$:**

Nous allons chercher la meilleure droite au sens des MCO.

Il s'agit donc de trouver $\hat{a}$ de l'équation : $y = ax$.

Nous sommes en présence de n couples d'observations (x_i, y_i) qui sont tels que : $y_i = ax_i + \varepsilon_i$, ε_i étant le résidu du couple (x_i, y_i).

Dans ces conditions, minimiser la somme des carrés des distances entre les points du nuage et la droite ajustée revient à minimiser la somme des carrés des résidus.

Or la somme des carrés des résidus est : $\sum_{i=1}^{n} \varepsilon_i^2 = \sum_{i=1}^{n} (y_i - ax_i)^2$.

À l'optimum, nous avons :

$$\frac{\delta \sum_{i=1}^{n} \varepsilon_i^2}{\delta a} = 0 \Leftrightarrow 2\sum_{i=1}^{n} (y_i - ax_i)(-x_i) = 0 \qquad (1)$$

$$(1) \Leftrightarrow \sum_{i=1}^{n} (y_i - ax_i)(x_i) = 0 \Leftrightarrow \sum_{i=1}^{n} y_i x_i - a\sum_{i=1}^{n} x_i^2 = 0 \qquad (2)$$

$$(2) \Rightarrow \boxed{\hat{a} = \frac{\sum_{i=1}^{n} y_i x_i}{\sum_{i=1}^{n} x_i^2}}.$$

Au total :

- $\boxed{\hat{a} = \frac{\sum_{i=1}^{n} y_i x_i}{\sum_{i=1}^{n} x_i^2}}$.
- La droite des moindres carrés a pour équation : $\boxed{y = \hat{a}x}$.
- $\boxed{\hat{y}_i = \hat{a}x_i}$.

Il est bon de noter que $\hat{y}_i$ est la valeur estimée de y par la méthode des MCO lorsque $x = x_i$.

- $\hat{a}$ s'appelle la coefficient de régression de y en x.

☞ EXERCICE n° 94

ÉNONCÉ :

(1) **Définir la notion de coefficient de corrélation.**

(2) **En déduire la formule du coefficient de détermination et celle du coefficient d'amélioration.**

CORRIGÉ :

(1) **Définissons la notion de coefficient de corrélation :**

Le coefficient de corrélation permet de mesurer mathématiquement l'importance de la liaison entre deux variables d'une distribution statistique à deux caractères.

Ainsi, le coefficient de corrélation, qui mesure l'intensité du lien linéaire unissant deux variables x et y, est donné par la formule :

$\boxed{r = \dfrac{\text{cov}(x, y)}{\sigma_x \sigma_y}}$, avec $\sigma_x = (V(x))^{1/2}$ et $\sigma_y = (V(y))^{1/2}$.

Il est bon de noter que :

- Si $r > 0$, cela signifie que la corrélation est positive. Dans ce cas, les droites de régression sont croissantes et on parle de liaison positive.
- Si $r < 0$, cela signifie que la corrélation est négative. Dans ce cas, les droites de régression sont décroissantes et on parle de liaison négative.
- Si $r = 0$, les deux droites de régression sont perpendiculaires. Il n'y a aucune corrélation de forme linéaire entre les deux variables. On dit qu'elles sont linéairement indépendantes.
- $\boxed{-1 \leqslant r \leqslant 1}$.

• Une autre formule du coefficient de corrélation est :

$\boxed{r = (\hat{a} \times \hat{a}')^{1/2}}$ ou $\hat{a}$ et $\hat{a}'$ sont les coefficients des équations des droites de régression : $y = \hat{a}x + \hat{b}$ et $x = \hat{a}'y + \hat{b}'$.

② Déduisons-en la formule du coefficient de détermination et celle du coefficient d'amélioration :

ⓐ Le coefficient de détermination :

Le coefficient de détermination R^2 est défini par :

$$\boxed{R^2 = \hat{a} \times \hat{a}'} \quad \text{(c'est à dire } R^2 = r^2\text{).}$$

Dans ces conditions :

- Si $R^2 = 0$, il y a indépendance totale ou liaison nulle entre les deux variables. Les deux droites de régression sont perpendiculaires.
- Si $R^2 = 1$, il y a dépendance totale ou liaison fonctionnelle entre les deux variables. Les deux droites de régression sont alors confondues.
- Si $0 < R^2 < 1$, il y a liaison relative entre les deux variables.
- Si $R^2 > 0,75$, on dit qu'il y a une forte corrélation entre les deux variables.

ⓑ Le coefficient d'amélioration :

Le coefficient d'amélioration A est définie par :

$$\boxed{A = 1 - (1 - r^2)^{1/2}}.$$

On dit qu'il y a présomption de corrélation si A est supérieur à 50 %.

Par exemple, si le coefficient d'amélioration entre deux variables est de 65 %, il y a une présomption favorable (65 chances pour 100) pour un lien corrélatif entre ces deux variables.

☞ EXERCICE n° 95

ÉNONCÉ :

Soit D la droite de régression d'équation : $y = \hat{a}x + \hat{b}$.
Soit D' la droite de régression d'équation : $x = \hat{a}'y + \hat{b}'$.

(1) **Quelles relations existent entre le coefficient de corrélation r, σ_x et σ_y ?**

(2) **Donner la définition de la variance résiduelle VR_1 par rapport à D et celle de la variance résiduelle VR_2 par rapport à D'.**

CORRIGÉ :

(1) **Déterminons les relations entre le coefficient de corrélation r, σ_x et σ_y :**

Il existe deux relations importantes et utiles dans les exercices :

$$\boxed{r = \hat{a}\frac{\sigma_x}{\sigma_y}} \quad \text{et} \quad \boxed{r = \hat{a}'\frac{\sigma_y}{\sigma_x}}.$$

(2) **Donnons la définition de la variance résiduelle VR_1 par rapport à D et celle de la variance résiduelle VR_2 par rapport à D':**

(a) <u>La variance résiduelle VR_1 par rapport à D :</u>

La variance résiduelle VR_1 par rapport à D ou variance autour de la droite D est :

$$\boxed{VR_1 = V(y)\,[1 - r^2]}.$$

(b) <u>La variance résiduelle VR_2 par rapport à D' :</u>

La variance résiduelle VR_2 par rapport à D' ou variance autour de la droite D' est :

$$\boxed{VR_2 = V(x)\,[1 - r^2]}.$$

☞ EXERCICE n° 96

ÉNONCÉ :

On considère des couples d'observations (x_i, y_i), i =1,... n.

On se propose d'ajuster une droite d'équation $y = ax + b$.

(1) Calculer les coefficients de régression $\hat{a}$ et $\hat{b}$.

(2) Calculer le coefficient de corrélation.

(3) En déduire le coefficient de détermination et le coefficient d'amélioration.

On donne :

$$n = 16, \quad \sum_{i=1}^{n} y_i = 6{,}7001, \qquad \sum_{i=1}^{n} x_i = 4{,}0963,$$

$$\sum_{i=1}^{n} x_i^2 = 19{,}507, \qquad \sum_{i=1}^{n} (y_i - \bar{y})^2 = 10{,}250,$$

$$\sum_{i=1}^{n} (x_i - \bar{x})^2 = 18{,}458, \qquad \sum_{i=1}^{n} x_i \cdot y_i = 12{,}691,$$

$$\sum_{i=1}^{n} (y_i - \bar{y})(x_i - \bar{x}) = 10{,}976.$$

CORRIGÉ :

(1) Calculons les coefficients de régression $\hat{a}$ et $\hat{b}$:

Nous allons chercher la meilleure droite au sens des MCO.

Il s'agit donc de trouver $\hat{a}$ et $\hat{b}$.

Nous sommes en présence de n couples d'observations (x_i, y_i) qui sont tels que : $y_i = ax_i + b + \varepsilon_i$, ε_i étant le résidu du couple (x_i, y_i).

Dans ces conditions, minimiser la somme des carrés des distances entre les points du nuage et la droite ajustée revient à minimiser la somme des carrées des résidus.

Or la somme des carrées des résidus est : $\sum_{i=1}^{n} \varepsilon_i^2$.

Posons : $f(a, b) = \sum_{i=1}^{n} \varepsilon_i^2$.

Nous avons donc : $f(a, b) = \sum_{i=1}^{n} (y_i - ax_i - b)^2$.

$$\begin{cases} \dfrac{\delta f(a, b)}{\delta a} = 0 \\ \dfrac{\delta f(a, b)}{\delta b} = 0 \end{cases} \Leftrightarrow \begin{cases} 2\sum_{i=1}^{n} (y_i - ax_i - b)(-x_i) = 0 \\ 2\sum_{i=1}^{n} (y_i - ax_i - b)(-1) = 0 \end{cases} \quad (1)$$

$$(1) \Leftrightarrow \begin{cases} \sum_{i=1}^{n} (y_i - ax_i - b)(x_i) = 0 \\ \sum_{i=1}^{n} (y_i - ax_i - b) = 0 \end{cases}$$

$$\Leftrightarrow \begin{cases} \sum_{i=1}^{n} y_i x_i - a\sum_{i=1}^{n} x_i^2 - b\sum_{i=1}^{n} x_i = 0 \\ \sum_{i=1}^{n} y_i - a\sum_{i=1}^{n} x_i - nb = 0 \end{cases} \quad (2)$$

or $\bar{x} = \dfrac{\sum_{i=1}^{n} x_i}{n}$ et $\bar{y} = \dfrac{\sum_{i=1}^{n} y_i}{n}$,

$$(2) \quad \Leftrightarrow \quad \begin{cases} \sum_{i=1}^{n} y_i x_i - a \sum_{i=1}^{n} x_i^2 - nb\bar{x} = 0 \\ n\bar{y} - an\bar{x} - nb = 0 \end{cases} \quad (3)$$

$$(3) \quad \Leftrightarrow \quad \begin{cases} \sum_{i=1}^{n} y_i x_i - a \sum_{i=1}^{n} x_i^2 - n(\bar{y} - a\bar{x})\bar{x} = 0 \\ b = \bar{y} - a\bar{x} \end{cases} \quad (4)$$

$$(4) \Rightarrow \begin{cases} \hat{a} = \dfrac{\sum_{i=1}^{n} y_i x_i - n\bar{y}\bar{x}}{\sum_{i=1}^{n} x_i^2 - n\bar{x}^2} \\ \hat{b} = \bar{y} - \hat{a}\bar{x} \end{cases}.$$

Au total :

- $\boxed{\hat{a} = \dfrac{\sum_{i=1}^{n} y_i x_i - n\bar{y}\bar{x}}{\sum_{i=1}^{n} x_i^2 - n\bar{x}^2}}$ et $\boxed{\hat{b} = \bar{y} - \hat{a}\bar{x}}$.

- La droite des moindres carrés a pour équation : $\boxed{y = \hat{a}x + \hat{b}}$.

- $\boxed{\hat{y}_i = \hat{a}x_i + \hat{b}}$.

Il est bon de noter que $\hat{y}_i$ est la valeur estimée de y par la méthode des MCO lorsque $x = x_i$.

- $\hat{a}$ s'appelle le coefficient de régression de y en x.

Application numérique :

- $$\hat{a} = \frac{12{,}691 - 16 \times \left(\frac{6{,}7001}{16}\right) \times \left(\frac{4{,}0963}{16}\right)}{19{,}507 - 16 \times \left(\frac{4{,}0963}{16}\right)^2} \Rightarrow \boxed{\hat{a} \approx 0{,}5946}.$$

- $$\hat{b} = \left(\frac{6{,}7001}{16}\right) - 0{,}5946 \times \left(\frac{4{,}0963}{16}\right) \Rightarrow \boxed{\hat{b} \approx 0{,}2665}.$$

- La droite des moindres carrés a pour équation :

$$\boxed{y = 0{,}5946x + 0{,}2665}.$$

- $\boxed{\hat{y}_i = 0{,}5946x_i + 0{,}2665}$.

Il est bon de noter que $\hat{y}_i$ est la valeur estimée de y par la méthode des MCO lorsque $x = x_i$.

- $\hat{a}$ s'appelle le coefficient de régression de y en x.

(2) Calculons le coefficient de corrélation :

Nous savons que le coefficient de corrélation permet de mesurer mathématiquement l'importance de la liaison entre deux variables d'une distribution statistique à deux caractères.

Ainsi, le coefficient de corrélation, qui mesure l'intensité du lien linéaire unissant deux variables x et y, est donné par la formule :

$$\boxed{r = \frac{\text{cov}(x, y)}{\sigma_x \sigma_y}},$$

avec :
- $\text{cov}(x, y) = \frac{1}{n} \sum_{i=1}^{n} (x_i - \bar{x})(y_i - \bar{y})$,
- $\sigma_x = [V(x)]^{1/2}$ avec $V(x) = \frac{1}{n} \sum_{i=1}^{n} (x_i - \bar{x})^2$,
- $\sigma_y = [V(y)]^{1/2}$ avec $V(y) = \frac{1}{n} \sum_{i=1}^{n} (y_i - \bar{y})^2$.

Application numérique :

$$r = \frac{\frac{1}{16} \times (10{,}976)}{\left(\frac{18{,}458}{16}\right)^{1/2} \times \left(\frac{10{,}250}{16}\right)^{1/2}} \quad \Rightarrow \quad r \approx 0{,}798.$$

Au total, le coefficient de corrélation est : $\boxed{r \approx 0{,}798}$.

Il est bon de remarquer que comme $r > 0$, la corrélation est positive. Dans ce cas, les droites de régression sont croissantes et on parle de liaison positive.

(3) Déduisons-en le coefficient de détermination et le coefficient d'amélioration :

(a) Le coefficient de détermination :

Le coefficient de détermination R^2 est défini par :

$$\boxed{R^2 = r^2}.$$

Application numérique :

$$R^2 = (0,798)^2 \quad \Rightarrow \quad R^2 \approx 0,637.$$

Au total, le coefficient de détermination est : $\boxed{R^2 \approx 0{,}637}$.

Il est bon de noter que comme $0 < R^2 < 1$, il y a liaison relative entre les deux variables.

(b) Le coefficient d'amélioration :

Le coefficient d'amélioration A est défini par :

$$\boxed{A = 1 - (1 - r^2)^{1/2}}.$$

Application numérique :

$$A = 1 - (1 - 0{,}637)^{1/2} \quad \Rightarrow \quad A \approx 39{,}75\ \%.$$

Au total, le coefficient d'amélioration est : $\boxed{A \approx 39{,}75\ \%}$.

Il est bon de noter que comme $A < 50\ \%$, il n'y a pas présomption de corrélation.

☞ EXERCICE n° 97

ÉNONCÉ :

On a soumis un groupe I_1 d'étudiants d'une université à un test X d'intelligence (noté sur 10). Pour chacun de ces étudiants, on a relevé le temps Y (compté en heures) pour écrire une dissertation dont le sujet est « La statistique descriptive ».

Les résultats sont donnés dans le tableau suivant :

I_1	X (notes sur 10)	Y (en heures)
1	2	7
2	1	6
3	3	5
4	3	4
5	5	3
6	6	3
7	7	2
8	5	2

(1) **Calculer les coordonnées du point moyen du nuage (noté A).**

(2) **Ajuster le nuage I_1 par une droite D_1 d'équation : $y = a_1 x + b_1$ (on ne fera pas la démonstration permettant de trouver $\hat{a}_1$ et $\hat{b}_1$).**

(3) **Quelle est la signification concrète des coefficients d'ajustement $\hat{a}_1$ et $\hat{b}_1$.**

(4) **Soit B le point d'intersection de D_1 avec l'axe des abscisses. Calculer les coordonnées de B et donner la signification concrète de ce point.**

(5) **Calculer le coefficient de corrélation entre X et Y.**

(6) **Un nouvel étudiant (9) a obtenu au test X la note 8,5 et passé 8,5 heures pour rédiger la dissertation.**

(a) **Ajuster le nouveau nuage $I_2 = I_1 \cup \{9\}$ par une droite D_2 d'équation $y = a_2 x + b_2$.**

(b) **Calculer le nouveau coefficient de corrélation entre X et Y.**

(c) **Déterminer les coordonnées du nouveau centre de gravité du nuage (noté C).**

(d) **Commenter les nouveaux résultats obtenus.**

CORRIGÉ :

(1) **Calculons les coordonnées du point moyen du nuage (noté A) :**

Nous savons que le centre de gravité ou point moyen du nuage a pour coordonnées $(\bar{x}\,,\ \bar{y})$.

Or ici : $\boxed{\bar{x} = \dfrac{\sum_{i=1}^{8} x_i}{8}}$ et $\boxed{\bar{y} = \dfrac{\sum_{i=1}^{8} y_i}{8}}$.

Application numérique :

- $\bar{x} = \dfrac{2+1+3+3+5+6+7+5}{8} \quad \Rightarrow \quad \bar{x} = 4.$

- $\bar{y} = \dfrac{7+6+5+4+3+3+2+2}{8} \Rightarrow \bar{y} = 4.$

Au total, les coordonnées du point moyen du nuage sont : $\boxed{A(4, 4)}$.

② Ajustons le nuage I_1 par une droite D_1 d'équation $y = a_1 x + b_1$:

Nous allons chercher la meilleure droite au sens des MCO.

Il s'agit donc de trouver $\hat{a}_1$ et $\hat{b}_1$.

Or, d'après le cours, nous savons que :

$$\boxed{\hat{a}_1 = \dfrac{\sum_{i=1}^{n} y_i x_i - n\bar{y}\bar{x}}{\sum_{i=1}^{n} x_i^2 - n\bar{x}^2}} \quad \text{et} \quad \boxed{\hat{b}_1 = \bar{y} - \hat{a}_1 \bar{x}}.$$

<u>Application numérique</u> **:**

- $\hat{a}_1 = \dfrac{104 - 8 \times (4) \times (4)}{158 - 8 \times (4)^2} \Rightarrow \boxed{\hat{a}_1 = -0{,}8}$.

- $\hat{b}_1 = 4 - (-0{,}8) \times (4) \Rightarrow \boxed{\hat{b}_1 = 7{,}2}$.

- La droite des moindres carrés D_1 a pour équation :

$$\boxed{y = -0{,}8x + 7{,}2}.$$

- $\boxed{\hat{y}_i = -0{,}8x + 7{,}2}$.

Il est bon de noter que $\hat{y}_i$ est la valeur estimée de y par la méthode des MCO lorsque $x = x_i$.

- $\hat{a}_1 = -0{,}8$ s'appelle le coefficient de régression de y en x.

③ **Déterminons la signification concrète des coefficients d'ajustement $\hat{a}_1$ et $\hat{b}_1$:**

- **En ce qui concerne $\hat{a}_1 = -0{,}8$:**

$\hat{a}_1 = -0{,}8$ signifie que quand le score au test d'un étudiant augmente d'une unité, le temps pour écrire la dissertation diminue de 0,8 heure soit 48 minutes.

Cela revient aussi à dire que le temps pour écrire une dissertation augmente de 48 minutes quand le score au test diminue d'un point.

- **En ce qui concerne $\hat{b}_1 = 7{,}2$:**

$\hat{b}_1 = 7{,}2$ signifie que quand le score au test est de 0 sur 10, le temps pour écrire la dissertation par l'étudiant est de 7,2 heures soit 7 heures et 12 minutes.

④ **Calculons les coordonnées de *B* et donnons la signification concrète de ce point :**

Le point *B* a pour ordonnée $y = 0$ car c'est le point d'intersection de D_1 avec l'axe des abscisses.

Dans ces conditions, $x = 9$.

D'où les coordonnées du point *B* sont : $\boxed{B(9\ ,\ 0)}$.

La signification concrète de ce point est qu'un étudiant qui a obtenu 9 sur 10 au test passera un temps nul pour écrire sa dissertation.

⑤ **Calculons le coefficient de corrélation entre *X* et *Y* :**

Nous savons que le coefficient de corrélation permet de mesurer mathématiquement l'importance de la liaison entre deux variables d'une distribution statistique à deux caractères.

Ainsi, le coefficient de corrélation, qui mesure l'intensité du lien linéaire unissant deux variables x et y, est donné par la formule :

$$\boxed{r = \frac{\operatorname{cov}(x\ ,\ y)}{\sigma_x \sigma_y}}.$$

avec : • $\text{cov}(x,y) = \frac{1}{n}\sum_{i=1}^{n}(x_i - \bar{x})(y_i - \bar{y})$,

• $\sigma_x = [V(x)]^{1/2}$ avec $V(x) = \frac{1}{n}\sum_{i=1}^{n}(x_i - \bar{x})^2$,

• $\sigma_y = [V(y)]^{1/2}$ avec $V(y) = \frac{1}{n}\sum_{i=1}^{n}(y_i - \bar{y})^2$.

Application numérique :

$$r = \frac{-24}{(30)^{1/2} \times (24)^{1/2}} \Rightarrow \boxed{r \approx -0,894}.$$

Au total, le coefficient de corrélation est : $\boxed{r \approx -0,894}$.

Il est bon de remarquer que comme $r < 0$, la corrélation est négative.

Dans ce cas, les droites de régression sont décroissantes et on parle de liaison négative.

(6) (a) **Ajustons le nouveau nuage $I_2 = I_1 \cup \{9\}$ par une droite D_2 d'équation $y = a_2x + b_2$:**

Nous allons chercher la meilleure droite au sens des MCO.

Il s'agit donc de trouver $\hat{a}_2$ et $\hat{b}_2$.

Or, d'après le cours, nous savons que :

$$\boxed{\hat{a}_2 = \frac{\sum_{i=1}^{n} y_i x_i - n\bar{y}\bar{x}}{\sum_{i=1}^{n} x_i^2 - n\bar{x}^2}} \quad \text{et} \quad \boxed{\hat{b}_2 = \bar{y} - \hat{a}_2\bar{x}}.$$

Application numérique :

• $\hat{a}_2 = \frac{179,25 - 9 \times (4,5) \times (4,5)}{230,25 - 9 \times (4,5)^2} \Rightarrow \boxed{\hat{a}_2 = -0,125}$.

• $\hat{b}_2 = 4,5 - (-0,125) \times (4,5) \Rightarrow \boxed{\hat{b}_2 = 5,0625}$.

- La droite des moindres carrés D_2 a pour équation :

$$\boxed{y = -0{,}125x + 5{,}0625}.$$

- $\boxed{\hat{y}_i = -0{,}125x_i + 5{,}0625}$.

  Il est bon de noter que $\hat{y}_i$ est la valeur estimée de y par la méthode des MCO lorsque $x = x_i$.

- $\boxed{\hat{a}_2 = -0{,}125}$, s'appelle le coefficient de régression de y en x.

(b) Calculons le nouveau coefficient de corrélation entre *X* et *Y* :

Nous savons que le coefficient de corrélation permet de mesurer mathématiquement l'importance de la liaison entre deux variables d'une distribution statistique à deux caractères.

Ainsi, le coefficient de corrélation, qui mesure l'intensité du lien linéaire unissant deux variables x et y, est donné par la formule :

$$\boxed{r = \frac{\text{cov}(x, y)}{\sigma_x \sigma_y}}.$$

avec : • $\text{cov}(x, y) = \frac{1}{n}\sum_{i=1}^{n}(x_i - \bar{x})(y_i - \bar{y})$,

• $\sigma_x = [V(x)]^{1/2}$ avec $V(x) = \frac{1}{n}\sum_{i=1}^{n}(x_i - \bar{x})^2$,

• $\sigma_y = [V(y)]^{1/2}$ avec $V(y) = \frac{1}{n}\sum_{i=1}^{n}(y_i - \bar{y})^2$.

Application numérique **:**

$$r = \frac{-6}{(48)^{1/2} \times (42)^{1/2}} \Rightarrow \boxed{r \approx -0{,}1336}.$$

Au total, le coefficient de corrélation est : $\boxed{r \approx -0{,}1336}$.

Il est bon de remarquer que comme $r < 0$, la corrélation est négative.

Dans ce cas, les droites de régression sont décroissantes et on parle de liaison négative.

(c) Déterminons les coordonnées du nouveau centre de gravité du nuage (noté *C*) :

Nous savons que le centre de gravité ou point moyen du nuage a pour coordonnées $(\bar{x}, \bar{y})$.

Or ici : $\bar{x} = \dfrac{\sum_{i=1}^{9} x_i}{9}$ et $\bar{y} = \dfrac{\sum_{i=1}^{9} y_i}{9}$.

Application numérique :

- $\bar{x} = \dfrac{2+1+3+3+5+6+7+5+8{,}5}{9} \Rightarrow \bar{x} = 4{,}5.$

- $\bar{y} = \dfrac{7+6+5+4+3+3+2+2+8{,}5}{9} \Rightarrow \bar{y} = 4{,}5.$

Au total, les coordonnées du nouveau centre de gravité du nuage sont : $\boxed{C(4{,}5\ ,\ 4{,}5)}$.

(d) Commentons les nouveaux résultats obtenus :

D'après les résultats de l'ajustement de la droite D_1, plus le score réalisé au test d'intelligence est élevé, plus court est le temps consommé pour écrire une dissertation. Or l'étudiant (9) a obtenu une bonne note $(8{,}5/10)$ au test mais, en même temps, il a écrit sa dissertation en un temps anormalement élevé (8 heures et demi). L'étudiant (9) est par conséquent une illustration d'un cas atypique.

De plus l'ajustement du nuage I_2 par une droite n'est pas fiable dans la mesure où le coefficient de corrélation $r \approx -0{,}1336$ est trop faible (en valeur absolue) pour admettre l'hypothèse d'une liaison approximativement linéaire entre X et Y.

☞ EXERCICE n° 98

ÉNONCÉ :

Le tableau suivant donne le coût moyen annuel d'entretien d'un véhicule en fonction de l'âge :

Âge (en années)	Coût d'entretien (en KF)
1	15
2	16
3	21
4	26
5	30
6	34
7	39
8	42
9	45
10	51

① **Donner les formules permettant d'obtenir la droite de régression de y en x ($y = ax + b$) ainsi que le coefficient de corrélation r.**

② **Calculer $\hat{a}$, $\hat{b}$ et r.**

③ **Interpréter la signification du coefficient r.**

CORRIGÉ :

(1) **Donnons les formules permettant d'obtenir la droite de régression de y en x ainsi que le coefficient de corrélation r :**

D'après le cours, nous savons que les formules développées de $\hat{a}$, $\hat{b}$ et r sont :

- $$\boxed{\hat{a} = \frac{\sum_{i=1}^{n} y_i x_i - n\bar{y}\bar{x}}{\sum_{i=1}^{n} x_i^2 - n\bar{x}^2}}.$$

- $$\boxed{\hat{b} = \bar{y} - \hat{a}\bar{x}}.$$

- $$\boxed{r = \frac{\text{cov}(x\ ,\ y)}{\sigma_x \sigma_y}},$$

avec : • $\text{cov}(x, y) = \left(\frac{1}{n}\sum_{i=1}^{n} y_i x_i\right) - \bar{x}\bar{y}$,

• $\sigma_x = [V(x)]^{1/2}$ avec $V(x) = \left(\frac{1}{n}\sum_{i=1}^{n} x_i^2\right) - \bar{x}^2$,

• $\sigma_y = [V(y)]^{1/2}$ avec $V(y) = \left(\frac{1}{n}\sum_{i=1}^{n} y_i^2\right) - \bar{y}^2$.

(2) Calculons $\hat{a}$, $\hat{b}$ et r :

Application numérique :

Dressons un tableau :

x_i	y_i	$y_i x_i$	x_i^2	y_i^2
1	15	15	1	225
2	16	32	4	256
3	21	63	9	441
4	26	104	16	676
5	30	150	25	900
6	34	204	36	1156
7	39	273	49	1521
8	42	336	64	1764
9	45	405	81	2025
10	51	510	100	2601

Dans ces conditions nous avons :
- $\bar{x} = 5{,}5$;
- $\bar{y} = 31{,}9$;
- $\sum_{i=1}^{10} y_i x_i = 2\,092$;
- $\sum_{i=1}^{10} x_i^2 = 385$;
- $\sum_{i=1}^{10} y_i^2 = 11\,565$.

D'où :
- $\hat{a} = \dfrac{2\,092 - 10 \times (5{,}5) \times (31{,}9)}{385 - 10 \times (5{,}5)^2} \quad \Rightarrow \quad \hat{a} \approx 4{,}09.$
- $\hat{b} = 31{,}9 - (4{,}09) \times (5{,}5) \quad \Rightarrow \quad \hat{b} \approx 9{,}405.$
- $r = \dfrac{(2\,092) - (5{,}5) \times (31{,}9)}{\left[\left(\dfrac{385}{10}\right) - (5{,}5)^2\right]^{1/2} \times \left[\left(\dfrac{11\,565}{10}\right) - (31{,}9)^2\right]^{1/2}}$

$\Rightarrow \quad r \approx 0{,}997.$

Au total : • $\boxed{\hat{a} \approx 4{,}09}$ $\boxed{\hat{b} \approx 9{,}405}$ et $\boxed{r \approx 0{,}997}$.

• La droite des moindres carrés a pour équation :

$$\boxed{y = 4{,}09x + 9{,}405}.$$

• $\boxed{\hat{y}_i = 4{,}09x_i + 9{,}405}$.

Il est bon de noter que $\hat{y}_i$ est la valeur estimée de y par la méthode des MCO lorsque $x = x_i$.

• $\hat{a} \approx 4{,}09$ s'appelle le coefficient de régression de y en x.

③ **Interprétons la signification du coefficient *r* :**

Nous savons que le coefficient de corrélation r permet de mesurer mathématiquement l'importance de la liaison entre deux variables d'une distribution statistique à deux caractères.

Ainsi, le coefficient de corrélation mesure l'intensité du lien linéaire unissant deux variables x et y.

Or, ici $r > 0$; cela signifie que la corrélation est positive.

Dans ce cas, les droites de régression sont croissantes et on parle de liaison positive.

☞ EXERCICE n° 99

ÉNONCÉ :

On dispose de données (en milliards de dollars) relatives à la consommation *C* et au revenu disponible brut *R* des ménages américains sur la période 1954-1965. On désire estimer la relation Keynésienne : $C = a + bR$.

① **Calculer les coefficients de régression $\hat{a}$ et $\hat{b}$.**

(2) **Déterminer le coefficient de corrélation et interpréter le résultat obtenu.**

On donne : $n = 12, \quad \sum_{i=1}^{n} C_i = 3\,861, \quad \sum_{i=1}^{n} R_i = 4\,200,$

$$\sum_{i=1}^{n} C_i^2 = 1\,282\,345, \quad \sum_{i=1}^{n} R_i^2 = 1\,516\,510,$$

$$\sum_{i=1}^{n} C_i R_i = 1\,394\,495.$$

CORRIGÉ :

(1) **Calculons les coefficients de régression $\hat{a}$ et $\hat{b}$:**

Nous allons chercher la meilleure droite au sens des MCO.

Il s'agit donc de trouver $\hat{b}$ et $\hat{a}$.

Nous sommes en présence de n couples d'observations (R_i , C_i) qui sont tels que : $C_i = b \cdot R_i + a + \varepsilon_i$, ε_i étant le résidu du couple (R_i , C_i).

Dans ces conditions, minimiser la somme des carrés des distances entre les points du nuage et la droite ajustée revient à minimiser la somme des carrés des résidus.

Or, la somme des carrés des résidus est : $\sum_{i=1}^{n} \varepsilon_i^2$.

Posons : $f(b , a) = \sum_{i=1}^{n} \varepsilon_i^2$.

Nous avons donc : $f(b, a) = \sum_{i=1}^{n} (C_i - bR_i - a)^2$.

À l'optimum, nous avons :

$$\begin{cases} \dfrac{\partial f(b\ ,\mathrm{a})}{\partial b} = 0 \\ \dfrac{\partial f(b\ ,\mathrm{a})}{\partial a} = 0 \end{cases} \Leftrightarrow \begin{cases} 2\sum_{i=1}^{n}(C_i - bR_i - a)(-R_i) = 0 \\ 2\sum_{i=1}^{n}(C_i - bR_i - a)(-1) = 0 \end{cases} \quad (1)$$

$$(1) \Leftrightarrow \begin{cases} \sum_{i=1}^{n}(C_i - bR_i - a)(R_i) = 0 \\ \sum_{i=1}^{n}(C_i - bR_i - a) = 0 \end{cases}$$

$$\Leftrightarrow \begin{cases} \sum_{i=1}^{n}C_iR_i - b\sum_{i=1}^{n}R_i^2 - a\sum_{i=1}^{n}R_i = 0 \\ \sum_{i=1}^{n}C_i - b\sum_{i=1}^{n}R_i - na = 0 \end{cases} \quad (2),$$

or $\bar{R} = \dfrac{\sum_{i=1}^{n} R_i}{n}$ et $\bar{C} = \dfrac{\sum_{i=1}^{n} C_i}{n}$,

$$(2) \Leftrightarrow \begin{cases} \sum_{i=1}^{n}C_iR_i - b\sum_{i=1}^{n}R_i^2 - an\bar{R} = 0 \\ n\bar{C} - bn\bar{R} - na = 0 \end{cases} \quad (3)$$

$$(3) \Leftrightarrow \begin{cases} \sum_{i=1}^{n}C_iR_i - b\sum_{i=1}^{n}R_i^2 - (\bar{C} - b\bar{R})n\bar{R} = 0 \\ a = \bar{C} - b\bar{R} \end{cases} \quad (4)$$

$$(4) \Rightarrow \begin{cases} \hat{b} = \dfrac{\sum_{i=1}^{n}C_iR_i - n\bar{C}\bar{R}}{\sum_{i=1}^{n}R_i^2 - n\bar{R}^2} \\ \hat{a} = \bar{C} - \hat{b}\bar{R} \end{cases}.$$

Au total : • $\boxed{\hat{b} = \dfrac{\sum_{i=1}^{n} C_i R_i - n\bar{C}\bar{R}}{\sum_{i=1}^{n} R_i^2 - n\bar{R}^2}}$ et $\boxed{\hat{a} = \bar{C} - \hat{b}\bar{R}}$.

• La droite des moindres carrés a pour équation :

• $\boxed{\hat{C}_i = \hat{b}R_i + \hat{a}}$.

Il est bon de noter que $\hat{C}_i$ est la valeur estimée de C par la méthode des MCO lorsque $R = R_i$.

• $\hat{b}$ s'appelle le coefficient de régression de C en R.

<u>Application numérique</u> **:**

• $\hat{b} = \dfrac{1\,394\,495 - 12 \times \left(\dfrac{3\,861}{12}\right) \times \left(\dfrac{4\,200}{12}\right)}{1\,516\,510 - 12 \times \left(\dfrac{4\,200}{12}\right)^2} \Rightarrow \boxed{\hat{b} \approx 0{,}927}$.

• $\hat{a} = \left(\dfrac{3\,861}{12}\right) - 0{,}927 \times \left(\dfrac{4\,200}{12}\right) \Rightarrow \boxed{\hat{a} \approx -2{,}7}$.

• La droite des moindres carrés a pour équation :

$$\boxed{C = 0{,}927R - 2{,}7}.$$

• $\boxed{\hat{C}_i = 0{,}927R_i - 2{,}7}$.

Il est bon de noter que $\hat{C}_i$ est la valeur estimée de C par la méthode des MCO lorsque $R = R_i$.

• $\hat{b}$ s'appelle le coefficient de régression de C en R.

(2) Déterminons le coefficient de corrélation et interprétons le résultat obtenu :

Nous savons que le coefficient de corrélation permet de mesurer mathématiquement l'importance de la liaison entre deux variables d'une distribution statistique à deux caractères.

Ainsi, le coefficient de corrélation, qui mesure l'intensité du lien linéaire unissant deux variables R et C, est donné par la formule :

$$\boxed{r = \frac{\mathrm{cov}(R\ ,\ C)}{\sigma_R \sigma_C}}.$$

avec :

- $\mathrm{cov}(R, C) = \left(\frac{1}{n}\sum_{i=1}^{n} C_i R_i\right) - \bar{R}\bar{C},$

- $\sigma_R = [V(R)]^{1/2}$ avec $V(R) = \left(\frac{1}{n}\sum_{i=1}^{n} R_i^2\right) - \bar{R}^2,$

- $\sigma_C = [V(C)]^{1/2}$ avec $V(C) = \left(\frac{1}{n}\sum_{i=1}^{n} C_i^2\right) - \bar{C}^2.$

Application numérique :

$$r = \frac{\left(\frac{1\,394\,495}{12}\right) - \left(\frac{4\,200}{12}\right) \times \left(\frac{3\,861}{12}\right)}{\left[\left(\frac{1\,516\,510}{12}\right) - \left(\frac{4\,200}{12}\right)^2\right]^{1/2} \times \left[\left(\frac{1\,282\,345}{12}\right) - \left(\frac{3\,861}{12}\right)^2\right]^{1/2}}$$

$$\Rightarrow \boxed{r \approx 0{,}999}.$$

Au total, le coefficient de corrélation est : $\boxed{r \approx 0{,}999}$.

Il est bon de remarquer que comme $r > 0$, la corrélation est positive.

Dans ce cas, les droites de régression sont croissantes et on parle de liaison positive.

☞ EXERCICE n° 100

ÉNONCÉ :

Dans le tableau suivant, on donne pour la France, le taux de chômage *X* et le taux de croissance annuel du salaire réel *Y* (salaire horaire du secteur marchand) sur la période 1971-1994 :

Années	X (en %)	Y (en %)
1971	1,6	6,2
1972	1,8	5,2
1973	1,8	6,9
1974	2,2	3,8
1975	3,7	6,4
1976	4,1	4,9
1977	4,7	2,7
1978	5,1	3,9
1979	5,8	1,8
1980	6,2	1,8
1981	7,4	1,6
1982	8,5	4,2
1983	8,6	0,4
1984	9,6	0,2
1985	10	1,1
1986	10,2	1,9
1987	10,5	0,5
1988	10,2	1,9
1989	10	0,4
1990	9,8	2,2
1991	10,5	1,4
1992	11,2	1,7
1993	12,1	−0,2
1994	12,9	0,0

On donne : $n = 24$, $\sum_{r=1}^{n} y_r = 60{,}9$, $\sum_{r=1}^{n} x_r = 178{,}5$,

$\sum_{r=1}^{n} y_r^2 = 260{,}45$, $\sum_{r=1}^{n} x_r^2 = 1\,620{,}57$, $\sum_{r=1}^{n} y_r x_r = 302{,}8$.

On désire quantifier la baisse du salaire réel induite par l'augmentation du taux de chômage. Pour cela, on résume le nuage de points par une droite. On retient alors la relation : $y = ax + b$.

1. **Calculer** $\bar{x}$, $\bar{y}$, $V(x)$, $V(y)$ **et** $\text{cov}(x, y)$.

2. **En déduire les estimations** $\hat{a}$ **et** $\hat{b}$ **des coefficients de régression.**

3. **Calculer le coefficient de détermination du modèle.**

4. **Calculer l'indicateur de précision moyenne** $s(\hat{\varepsilon})$.

5. **Calculer le taux de salaire réel ajusté pour** $r = 1992$, 1993 **et** 1994.

6. **Déterminer les résidus pour les trois points précédents.**

CORRIGÉ :

1. **Calculons** $\bar{x}$, $\bar{y}$, $V(x)$, $V(y)$ **et** $\text{cov}(x, y)$ **:**

D'après le cours, nous savons que :

- $$\boxed{\bar{x} = \frac{\sum_{r=1}^{n} x_r}{n}}.$$

- $$\boxed{\bar{y} = \frac{\sum_{r=1}^{n} y_r}{n}}.$$

- $\boxed{V(x) = \left(\frac{1}{n}\sum_{r=1}^{n} x_r^2\right) - \bar{x}^2}$.

- $\boxed{V(y) = \left(\frac{1}{n}\sum_{r=1}^{n} y_r^2\right) - \bar{y}^2}$.

- $\boxed{\text{cov}(x, y) = \left(\frac{1}{n}\sum_{r=1}^{n} y_r x_r\right) - \bar{x}\bar{y}}$

Application numérique :

- $\bar{x} = \frac{178{,}9}{24} \Rightarrow \boxed{\bar{x} = 7{,}4375}$.
- $\bar{y} = \frac{60{,}9}{24} \Rightarrow \boxed{\bar{y} = 2{,}5375}$.
- $V(x) = \left(\frac{1\,620{,}57}{24}\right) - (7{,}4375)^2 \Rightarrow \boxed{V(x) \approx 12{,}2}$.
- $V(y) = \left(\frac{260{,}45}{24}\right) - (2{,}5375)^2 \Rightarrow \boxed{V(y) \approx 4{,}413}$.
- $\text{cov}(x\,, y) = \left(\frac{302{,}8}{24}\right) - (7{,}4375) \times (2{,}5375)$

$$\Rightarrow \boxed{\text{cov}(x, y) \approx -6{,}256}.$$

(2) **Déduisons-en les estimations $\hat{a}$ et $\hat{b}$ des coefficients de régression :**

D'après le cours, nous savons que :

- $\boxed{\hat{a} = \frac{\text{cov}(x\,, y)}{V(x)}}$.
- $\boxed{\hat{b} = \bar{y} - \hat{a}\bar{x}}$.

Application numérique :

- $\hat{a} \approx \frac{-6{,}256}{12{,}2} \Rightarrow \boxed{\hat{a} \approx -0{,}513}$.

- $\hat{b} \approx 2{,}5375 - (-0{,}513) \times (7{,}4375) \quad \Rightarrow \quad \boxed{\hat{b} \approx 6{,}353}$.
- La droite des moindres carrés a pour équation :

$$\boxed{y = -\,0{,}513x + 6{,}353}.$$

- $\boxed{\hat{y}_r = -0{,}513x_r + 6{,}353}$.

  Il est bon de noter que $\hat{y}_r$ est la valeur estimée de y par la méthode des MCO lorsque $x = x_r$.
- $\hat{a}$ s'appelle le coefficient de régression de y en x.

③ Calculons le coefficient de détermination du modèle :

Nous savons que le coefficient de détermination R^2 est défini par :

$$\boxed{R^2 = r^2}, r \text{ étant le coefficient de corrélation.}$$

Or $\boxed{r = \dfrac{\mathrm{cov}(x\ ,\ y)}{\sigma_x \sigma_y}}$, avec $\sigma_x = [V(x)]^{1/2}$ et $\sigma_y = [V(y)]^{1/2}$.

Application numérique :

$$R^2 = \frac{(-6{,}256)^2}{(12{,}2) \times (4{,}413)} \quad \Rightarrow \quad \boxed{R^2 \approx 0{,}727}.$$

Comme $0 < R^2 < 1$, nous pouvons affirmer qu'il y a unc liaison relative entre les deux variables.

④ Calculons l'indicateur de précision moyenne $s(\hat{\varepsilon})$:

Nous savons que l'indicateur de précision moyenne $s(\hat{\varepsilon})$ nous est donné par la formule :

$$\boxed{s(\hat{\varepsilon}) = \left[\frac{1}{n-2} \sum_{r=1}^{n} \hat{\varepsilon}_r^2\right]^{1/2}}, \quad \text{avec } \hat{\varepsilon}_r = y_r - \hat{y}_r.$$

Une autre formule est :

$$\boxed{s(\hat{\varepsilon}) = \left[\frac{1}{n-2} \times n \times (V(y) - \hat{a}^2 V(x))\right]^{1/2}},$$

car $$\sum_{r=1}^{n} \hat{\varepsilon}_r^2 = n \times \left(V(y) - \hat{a}^2 V(x)\right).$$

Application numérique :

$$s(\hat{\varepsilon}) = \left[\frac{1}{22} \times 24 \times (4,431 - (-0,513)^2 \times (12,2))\right]^{1/2}$$

$$\Rightarrow \boxed{s(\hat{\varepsilon}) \approx 1,145}.$$

(5) **Calculons le taux de salaire réel ajusté pour *r* = 1992, 1993 et 1994 :**

Nous savons que le taux de salaire réel ajusté est $\hat{y}_r$ avec :

$$\boxed{\hat{y}_r = -0,513x_r + 6,353}.$$

Application numérique :

$$\hat{y}_{1992} = -0,513 \times (11,2) + 6,353 \quad \Rightarrow \quad \boxed{\hat{y}_{1992} = 0,6074}.$$

$$\hat{y}_{1993} = -0,513 \times (12,1) + 6,353 \quad \Rightarrow \quad \boxed{\hat{y}_{1993} = 0,1457}.$$

$$\hat{y}_{1994} = -0,513 \times (12,9) + 6,353 \quad \Rightarrow \quad \boxed{\hat{y}_{1994} = -0,2647}.$$

Au total, le taux de salaire réel ajusté pour r = 1992, 1993 et 1994 sont respectivement :

$$\boxed{\hat{y}_{1992} = 0,6074}, \quad \boxed{\hat{y}_{1993} = 0,1457} \quad \text{et} \quad \boxed{\hat{y}_{1994} = -0,2647}.$$

(6) **Déterminons les résidus pour les trois points précédents :**

Nous savons que le résidu $\hat{\varepsilon}_r$ nous est donné par la formule :

$$\boxed{\hat{\varepsilon}_r = y_r - \hat{y}_r}.$$

Application numérique :

- $\hat{\varepsilon}_{1992} = 1,7 - 0,6074 \quad \Rightarrow \quad \boxed{\hat{\varepsilon}_{1992} = 1,0926}.$
- $\hat{\varepsilon}_{1993} = -0,2 - 0,1457 \quad \Rightarrow \quad \boxed{\hat{\varepsilon}_{1993} = -0,3457}.$
- $\hat{\varepsilon}_{1994} = 0,0 - (-0,2647) \quad \Rightarrow \quad \boxed{\hat{\varepsilon}_{1994} = 0,2647}.$

Au total, les résidus pour r = 1992, 1993 et 1994 sont :

$\boxed{\hat{\varepsilon}_{1992} = 1{,}0926}$, $\boxed{\hat{\varepsilon}_{1993} = -0{,}3457}$ et $\boxed{\hat{\varepsilon}_{1994} = 0{,}2647}$.

☞ EXERCICE n° 101

ÉNONCÉ :

On veut estimer une fonction de production de type Cobb-Douglas de la forme : $q = a \cdot k^b$, où $q = Q/L$ est la production par tête et $k = K/L$, le capital par tête.

On donne : $n = 27$, $\sum_{i=1}^{n} \text{Log}\, q_i = -6{,}8344$, $\sum_{i=1}^{n} \text{Log}\, k_i = 25{,}8017$

$$\sum_{i=1}^{n} (\text{Log}\, q_i)^2 = 2{,}20553, \quad \sum_{i=1}^{n} (\text{Log}\, k_i)^2 = 25{,}26917,$$

$$\sum_{i=1}^{n} (\text{Log}\, q_i)(\text{Log}\, k_i) = -6{,}0242.$$

1) **Comment doit-on procéder pour déterminer les estimations $\hat{a}$ et $\hat{b}$ des coefficients de régression?**

2) **En déduire $\hat{a}$ et $\hat{b}$ sans démonstration.**

3) **Donner la valeur de l'élasticité de la production Q par rapport au travail L.**

CORRIGÉ :

① **Déterminons comment on doit procéder pour déterminer les estimations $\hat{a}$ et $\hat{b}$ des coefficients de régression :**

Nous sommes en présence d'une liaison non linéaire.

Or pour déterminer $\hat{a}$ et $\hat{b}$, par la méthode des MCO, il nous faut une liaison linéaire.

Pour cela, nous allons passer en Log.

Dans ces conditions : $q = a \cdot k^b \Leftrightarrow \text{Log}\, q = \text{Log}\,(a \cdot k^b)$ (1)

$$(1) \Leftrightarrow \text{Log}\, q = \text{Log}\, a + \text{Log}(k^b) \qquad (2)$$

$$(2) \Leftrightarrow \text{Log}\, q = \text{Log}\, a + b\text{Log}\, k \qquad (3)$$

$$(3) \Leftrightarrow \boxed{\text{Log}\ q = b\text{Log}\ k + \text{Log}\ a}. \qquad (4).$$

En posant : $y = \text{Log}\, q$ et $x = \text{Log}\, k$, nous obtenons :

$$(4) \quad \boxed{y = b \cdot x + \text{Log}\, a}. \qquad (5).$$

La relation (5) est une liaison linéaire et nous pouvons écrire les données de la manière suivante :

$$n = 27, \quad \sum_{i=1}^{n} y_i = -6{,}8344, \quad \sum_{i=1}^{n} x_i = 25{,}8017,$$

$$\sum_{i=1}^{n} y_i^2 = 2{,}20553, \quad \sum_{i=1}^{n} x_i^2 = 25{,}26917 \text{ et } \sum_{i=1}^{n} y_i x_i = -6{,}0242.$$

② **Déduisons-en $\hat{a}$ et $\hat{b}$ sans démonstration :**

La relation (5) que nous avons mis en évidence peut aussi s'écrire :

$$y = bx + A, \text{ avec } A = \text{Log}\ a.$$

D'après le cours, nous savons que les formules de $\hat{b}$ et $\hat{A}$ sont :

- $$\boxed{\hat{b} = \frac{\sum_{i=1}^{n} y_i x_i - n\bar{y}\bar{x}}{\sum_{i=1}^{n} x_i^2 - n\bar{x}^2}}.$$
- $$\boxed{\hat{A} = \bar{y} - \hat{b}\bar{x}}.$$

Application numérique :

- $$\hat{b} = \frac{-6{,}0242 - 27 \times -\left(\frac{6{,}8344}{27}\right) \times \left(\frac{25{,}8017}{27}\right)}{25{,}26917 - 27 \times \left(\frac{25{,}8017}{27}\right)^2} \Rightarrow \boxed{\hat{b} \approx 0{,}8274}.$$

- $$\hat{A} = \left(\frac{-6{,}8344}{27}\right) - 0{,}8247 \times \left(\frac{25{,}8017}{27}\right) \Rightarrow \boxed{\hat{A} \approx -1{,}044}.$$

Dans ces conditions : $\hat{a} = e^{\hat{A}} \Rightarrow \boxed{\hat{a} \approx 0{,}352}$.

Au total : • $\boxed{\hat{b} \approx 0{,}8274}$ et $\boxed{\hat{a} \approx 0{,}352}$.

• La droite des moindres carrés a pour équation :

$$y = 0{,}8274x - 1{,}044$$

ou $\text{Log } q = 0{,}8274\text{Log } k - 1{,}044$

ou $\boxed{q = 0{,}352 \cdot k^{0{,}8274}}$.

- $\boxed{\hat{q}_i = 0{,}352 \cdot k_i^{0{,}8274}}$.

Il est bon de noter que $\hat{q}_i$ est la valeur estimée de q par la méthode des MCO lorsque $k = k_i$.

- $\hat{b}$ s'appelle le coefficient de régression de q en k.

③ Donnons la valeur de l'élasticité de la production *Q* par rapport au travail *L* :

Nous savons que l'élasticité de la production par rapport au travail est la variation de la production exprimée en pourcentage sur la variation du travail exprimée en pourcentage.

Mathématiquement, elle nous est donnée par la formule :

$$\boxed{e_{Q/L} = \frac{\partial Q}{\partial L} \times \frac{L}{Q}}.$$

Or ici : $q = a \cdot k^b \Leftrightarrow \frac{Q}{L} = a \cdot \left(\frac{K}{L}\right)^b \Rightarrow \boxed{Q = a \cdot L^{(1-b)} \cdot K^b}$.

Dans ces conditions :

$$e_{Q/L} = (1-b) \cdot a \cdot L^{-b} \cdot K^{b} \times \frac{L}{a \cdot L^{(1-b)} \cdot K^{b}},$$

c'est-à-dire : $\boxed{e_{Q/L} = 1-b}$.

<u>Application numérique</u> :

$$e_{Q/L} = 0{,}1726.$$

Au total, l'élasticité de la production par rapport au travail est :

$$\boxed{e_{Q/L} = 0{,}1726}.$$

☞ EXERCICE N° 102

ÉNONCÉ :

On considère, dans un pays donné, les ventes trimestrielles de micro-ordinateurs sur les cinq dernières années. Soit q_t les ventes en volume du trimestre t, $t = 1, \ldots 20$. Ces ventes augmentent car le prix des micro-ordinateurs a considérablement baissé sur les cinq dernières années. Soit p_t le prix relatif des micro-ordinateurs au trimestre t. Ce prix relatif est le rapport de l'indice des prix des micro-ordinateurs et de l'indice des prix à la consommation. Il vaut 1 en $t = 0$. Si l'on représente les observations (p_t, q_t) sur un graphique, on remarque que le nuage a une légère courbure. Aussi, approximer ce nuage par une droite ne semble pas pertinent.

En fait, si l'on représente graphiquement les points de coordonnées $(\mathrm{Log}p_t, \mathrm{Log}q_t)$, on s'aperçoit qu'il est raisonnable d'approximer ce nouveau nuage par une droite.

On retient donc la relation : $\mathrm{Log}q_t = a\mathrm{Log}p_t + b$ avec $a < 0$, ce qui correspond à la loi de la demande suivante :

$q_t = \exp(a\mathrm{Log}p_t + b)$ c'est-à-dire $q_t = k \cdot p_t^a$ avec $k = e^b$.

On donne : $n = 20$, $\sum_{t=1}^{n} \text{Log}\, q_t = 37{,}888$, $\sum_{t=1}^{n} \text{Log}\, p_t = -5{,}149$,

$$\sum_{t=1}^{n} (\text{Log}\, q_t)^2 = 72{,}53228, \quad \sum_{t=1}^{n} (\text{Log}\, p_t)^2 = 1{,}91175,$$

$$\sum_{t=1}^{n} (\text{Log}\, q_t)(\text{Log}\, p_t) = -10{,}41315.$$

① **En déduire (sans démonstration) les estimations des coefficients *a* et *b* obtenues par la méthode des MCO.**

② **Déterminer l'indicateur de précision moyenne $s(\hat{\varepsilon})$.**

③ **Donner l'interprétation du coefficient *a*.**

④ **Le modèle s'écrit : $\text{Log}\, q = c \cdot T + d$ où la variable *T* prend les valeurs 1, 2, 3, ..., 20.**

Déterminer les estimations $\hat{c}$ et $\hat{d}$ des coefficients *c* et *d* obtenues par la méthode des MCO.

On posera : $\sum_{t=1}^{n} (\text{Log}\, q_t)(T_t) = \theta$.

CORRIGÉ :

① **Déduisons-en les estimations des coefficients *a* et *b* obtenues par la méthode des MCO :**

Nous avons la relation : $\text{Log}\, q = a \text{Log}\, p + b$.

D'après le cours, nous savons que les formules de $\hat{a}$ et $\hat{b}$ sont :

- $$\boxed{\hat{a} = \frac{\sum_{t=1}^{n} (\text{Log}\, q_t)(\text{Log}\, p_t) - n(\overline{\text{Log}\, q})(\overline{\text{Log}\, p})}{\sum_{t=1}^{n} (\text{Log}\, p_t)^2 - n(\overline{\text{Log}\, p})^2}}.$$

- $$\boxed{\hat{b} = (\overline{\text{Log}\, q}) - \hat{a}(\overline{\text{Log}\, p})}.$$

Application numérique :

- $$\hat{a} = \frac{10{,}41315 - 20 \times \left(\frac{37{,}888}{20}\right) \times -\left(\frac{5{,}149}{20}\right)}{1{,}91175 - 20 \times -\left(\frac{5{,}149}{20}\right)^2} \Rightarrow \boxed{\hat{a} \approx -1{,}124}.$$

- $$\hat{b} = \left(\frac{37{,}888}{20}\right) - (-1{,}124) \times \left(\frac{-5{,}149}{20}\right) \Rightarrow \boxed{\hat{b} \approx 1{,}6}.$$

Au total : • $\boxed{\hat{a} \approx -1{,}124}$ et $\boxed{\hat{b} \approx 1{,}6}$.

- La droite des moindres carrés a pour équation :

$$\boxed{\text{Log}\, q = -1{,}124 \text{Log}\, p + 1{,}6}.$$

ou $q = e^{1,6} \cdot p^{-1,124}$ c'est-à-dire $\boxed{q = 4{,}953 \cdot p^{-1,124}}$.

- $$\boxed{\hat{q}_t = 4{,}953 \cdot p_t^{-1,124}}.$$

Il est bon de noter que $\hat{q}_t$ est la valeur estimée de q par la méthode des MCO lorsque $p = p_t$.

- $\hat{a}$ s'appelle le coefficient de régression de q en p.

(2) Déterminons l'indicateur de précision moyenne $s(\hat{\varepsilon})$:

Nous savons que l'indicateur de précision moyenne $s(\hat{\varepsilon})$ nous est donné par la formule :

$$\boxed{s(\hat{\varepsilon}) = \left[\frac{1}{n-2} \sum_{t=1}^{n} \hat{\varepsilon}_t^2\right]^{1/2}} \quad \text{avec} \quad \hat{\varepsilon}_t = q_t - \hat{q}_t.$$

Une autre formule est :

$$\boxed{s(\hat{\varepsilon}) = \left[\frac{1}{n-2} \times n \times \ (V(\text{Log}\, q) - \hat{a}^2 V(\text{Log}\, p))\right]^{1/2}}.$$

car $\sum_{t=1}^{n} \hat{\varepsilon}_t^2 = n \times (V(\text{Log}\, q) - \hat{a}^2 V(\text{Log}\, p)).$

Or les formules développées de $V(\text{Log}\, q)$ et $V(\text{Log}\, p)$ sont :

- $V(\text{Log}\, q) = \left(\frac{1}{n}\sum_{t=1}^{n} (\text{Log}\, q_t)^2\right) - (\overline{\text{Log}\, q})^2,$

- $V(\text{Log}\, p) = \left(\frac{1}{n}\sum_{t=1}^{n} (\text{Log}\, p_t)^2\right) - (\overline{\text{Log}\, p})^2.$

<u>Application numérique</u> **:**

- $V(\text{Log}\, q) = \frac{72{,}53228}{20} - \left(\frac{37{,}888}{20}\right)^2 \quad \Rightarrow \quad \boxed{V(\text{Log}\, q) \approx 0{,}038}.$

- $V(\text{Log}\, p) = \frac{1{,}91175}{20} - \left(-\frac{5{,}149}{20}\right)^2 \quad \Rightarrow \quad \boxed{V(\text{Log}\, p) \approx 0{,}0293}.$

D'où $s(\hat{\varepsilon}) = \left[\frac{1}{18} \times 20 \times \left(0{,}038 - (-1{,}124)^2 \times (0{,}0293)\right)\right]^{1/2} \quad \Rightarrow$

$\boxed{s(\hat{\varepsilon}) \approx 0{,}033}.$

(3) Donnons l'interprétation du coefficient *a* :

« *a* » est l'élasticité des ventes de micro-ordinateurs par rapport à leur prix, c'est-à-dire, la variation des ventes exprimée en pourcentage sur la variation du prix des micro-ordinateurs exprimée en pourcentage.

Mathématiquement, elle nous est donnée par la formule :

$$\boxed{e_{q/p} = \frac{\partial q}{\partial p} \times \frac{p}{q}}.$$

Application numérique :

$$e_{q/p} = a \cdot k \cdot p^{(a-1)} \times \frac{p}{k \cdot p^{a}} \Rightarrow \boxed{e_{q/p} = a}.$$

Au total, « a » est bien l'élasticité des ventes de micro-ordinateurs par rapport à leur prix.

(4) Déterminons les estimations $\hat{c}$ et $\hat{d}$ des coefficients c et d obtenues par la méthode des MCO :

D'après l'énoncé, le modèle s'écrit maintenant : $\text{Log}\, q = c \cdot T + d$ où la variable T prend les valeurs $1, 2, 3, \ldots, 20$.

De plus, $\sum_{t=1}^{n} (\text{Log}\, q_t)(T_t) = \theta$.

D'après le cours, nous savons que les formules de $\hat{c}$ et $\hat{d}$ sont :

- $$\boxed{\hat{c} = \frac{\sum_{t=1}^{n} (\text{Log}\, q_t)(T_t) - n(\overline{\text{Log}\, q})(\overline{T})}{\sum_{t=1}^{n} (T_t)^2 - n(\overline{T})^2}}.$$

- $$\boxed{\hat{d} = (\overline{\text{Log}\, q}) - \hat{c}(\overline{T})}.$$

Or nous savons aussi que :

- $$\sum_{t=1}^{n} T_t = \frac{n(n+1)}{2} \Rightarrow \boxed{\overline{T} = \frac{(n+1)}{2}}.$$

- $$\boxed{\sum_{t=1}^{n} (T_t)^2 = \frac{n(n+1)(2n+1)}{6}}.$$

Application numérique :

- $$\hat{c} = \frac{\theta - 20 \times \left(\frac{37{,}888}{20}\right) \times \left(\frac{21}{2}\right)}{\frac{20 \times (21) \times (41)}{6} - 20 \times \left(\frac{21}{2}\right)^2} \Rightarrow \boxed{\hat{c} = \frac{\theta - 397{,}824}{665}}.$$

- $\hat{d} = \left(\frac{37,888}{20}\right) - \left(\frac{\theta - 397,824}{665}\right) \times \left(\frac{21}{2}\right)$

$$\Rightarrow \boxed{\hat{d} = \frac{10\,873,856 - 21\theta}{1\,330}}.$$

☞ EXERCICE n° 103

ÉNONCÉ :

Les quantités demandées d'un bien *Y* en fonction de son prix *X* ont été relevées par une étude de marché sur un échantillon d'entreprises.

Les données sont présentées dans le tableau suivant :

Prix de vente : X	95	130	148	210	250	330
Quantités demandées : Y	104	58	37	22	12	9

(1) Tracer la courbe $Y = f(X)$. Quel type d'ajustement vous suggère ce graphique ?

(2) Linéariser la fonction et ajuster une droite par la méthode des moindres carrées. Donner l'équation de la courbe $Y = f(X)$.

(3) Donner une estimation de la quantité demandée si le prix est de 75.

CORRIGÉ :

(1) (a) Traçons la courbe $Y = f(X)$:

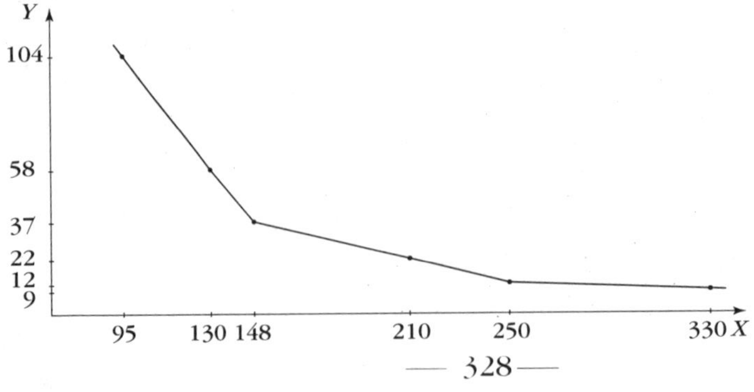

(b) **Quel type d'ajustement vous suggère ce graphique ?**

Nous devons faire un ajustement de type puissance : $y = bx^a$.

(2) (a) **Linéarisons la fonction et ajustons une droite par la méthode des moindres carrées :**

Nous avons $y = bx^a$.

D'où : $y = bx^a \Leftrightarrow \text{Log}y = \text{Log}(bx^a)$

$$\Leftrightarrow \text{Log}y = \text{Log}b + \text{Log}x^a$$

$$\Leftrightarrow \text{Log}y = \text{Log}b + a\text{Log}x$$

$$\Rightarrow \boxed{\text{Log}y = a\text{Log}x + \text{Log}b} \quad (1).$$

En posant : $Z = \text{Log}y$, $T = \text{Log}x$ et $B = \text{Log}b$,

nous avons : (1) $\Rightarrow \boxed{Z = aT + B}$.

Dans ces conditions, d'après la méthode des MCO.

$$\hat{a} = \frac{\sum_{i=1}^{6} Z_i T_i - n\overline{Z}\,\overline{T}}{\sum_{i=1}^{6} T_i^2 - n\overline{T}^2}$$

et $\hat{B} = \overline{Z} - \hat{a}\,\overline{T}$.

<u>Application numérique</u> :

Z	T
4,64	4,55
4,06	4,86
3,61	4,99
3,091	5,347
2,48	5,52
2,197	5,79

D'où : $\boxed{\begin{array}{l}\hat{a} = -2{,}0164 \\ \hat{B} = 13{,}08\end{array}}$.

Dans ces conditions : $\hat{b} = e^{\hat{B}} \Rightarrow$ $\boxed{\hat{b} = 479260{,}706}$.

Au total, la droite des moindres carrées a pour équation :

$$\boxed{Z = -2{,}0164T + 13{,}08}.$$

ⓑ **Donnons l'équation de la courbe $Y = f(X)$:**

L'équation de la courbe $Y = f(X)$ s'écrit :

$$\boxed{y = 479260{,}706\ x^{-2{,}0164}}.$$

③ **Donnons une estimation de la quantité demandée si le prix est de 75 :**

Si le prix est de 75, cela signifie que $x_i = 75$.

Or $\hat{y}_i = 479260{,}706\ x_i^{-2{,}0164}$.

D'où : $\boxed{\hat{y}_i = 79{,}377}$.

Au total, si le prix du bien est de 75, la quantité demandée de ce bien sera de 79,377.

☞ EXERCICE n° 104

ÉNONCÉ :

Une entreprise coolteach.com créée en 2000 a réalisé les bénéfices suivants (en millions d'euros) :

Année	**2000**	**2001**	**2002**	**2003**	**2004**	**2005**	**2006**	**2007**
T	**0**	**1**	**2**	**3**	**4**	**5**	**6**	**7**
Y	**271**	**314**	**545**	**700**	**992**	**1 250**	**1 720**	**1 998**

① **Représenter graphiquement l'évolution du bénéfice Y de l'entreprise en fonction du temps T et les évolutions de $Z = \text{Log}\,Y$ en fonction du temps. Observer les graphiques et**

faire une hypothèse sur la nature de la liaison entre les bénéfices de l'entreprise et le temps.

(2) **Calculer la droite de régression *Z* en *T* par la méthode des moindres carrées.**

(3) **Donner l'équation de la courbe $Y = g(T)$. En déduire une prévision des bénéfices de coolteach.com en 2008, sous l'hypothèse de stabilité de la relation.**

CORRIGÉ :

(1) (a) **Représentons graphiquement l'évolution du bénéfice *Y* en fonction du temps *T* :**

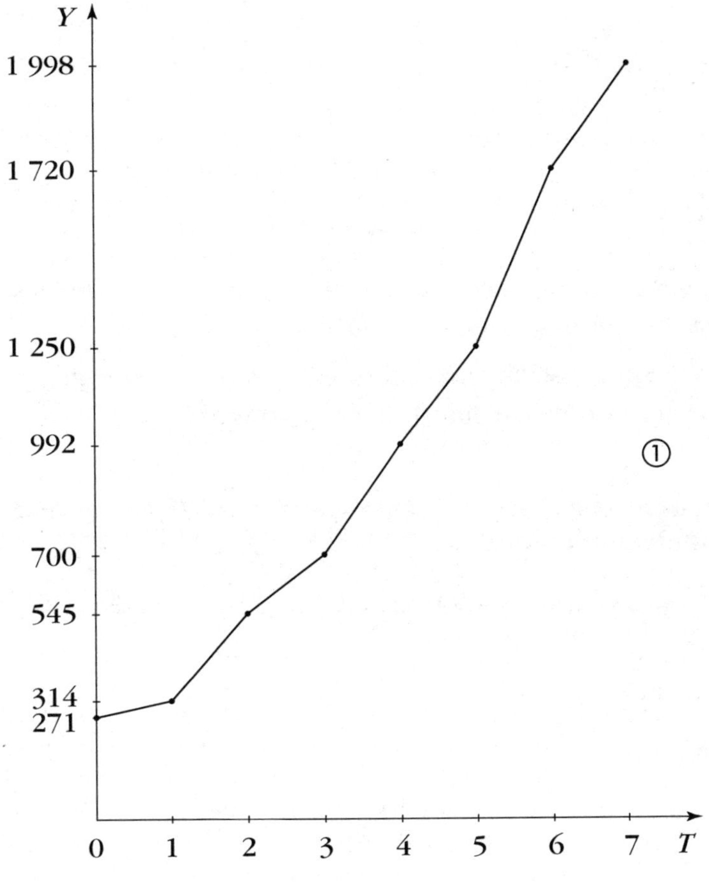

(b) **Représentons graphiquement $Z = g(T)$:**

Préalablement, calculons les valeurs de Z.

T	0	1	2	3	4	5	6	7
Z	5,6	5,74	6,3	6,55	6,899	7,130	7,450	7,600

D'où le graphique suivant :

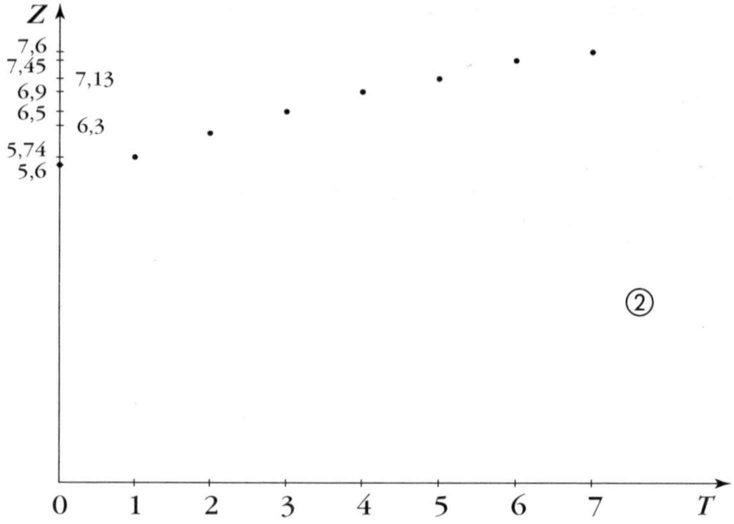

Nous remarquons que les bénéfices sont liés de manière exponentielle au temps (graphique n° 1).

Cela étant il est bon de noter qu'en observant le graphique n° 2 $Z = g(T)$, Z est liée linéairement au temps T.

(2) **Calculons la droite de régression Z en T par la méthode des moindres carrées :**

Comme les bénéfices sont liés de manière exponentielle au temps, nous avons : $Y = e^{(aT+b)}$.

D'où : $Y = e^{(aT+b)} \Leftrightarrow \text{Log}\,Y = \text{Log}[e^{(aT+b)}]$

$$\Leftrightarrow \text{Log}\,Y = aT + b$$

$$\Rightarrow \boxed{Z = aT + b}.$$

Dans ces conditions, d'après la méthode des MCO :

$$\hat{a} = \frac{\sum_{i=1}^{8} Z_i T_i - n\bar{Z}\bar{T}}{\sum_{i=1}^{8} T_i^2 - nT^2}$$

$$\text{et} \quad \hat{b} = \bar{Z} - \hat{a}\,\bar{T}.$$

Application numérique :

$$\hat{a} = -0,126$$
$$\hat{b} = -21,342$$

Au total, la droite de régression de Z en T a pour équation :

$$Z = -0,126T - 21,342.$$

③ ⓐ **Donnons l'équation de la courbe $Y = g(T)$:**

La courbe $Y = g(T)$ a pour équation :

$$Y = e^{(-0,126T - 21,342)}.$$

ⓑ **Déduisons-en une prévision des bénéfices de coolteach.com en 2008 :**

Sous l'hypothèse de stabilité de la relation en 2008 les bénéfices de coolteach.com seront de :

$$\hat{Y}_{2008} = e^{(-0,126 \times 8 - 21,342)}.$$

c.a.d. : $\hat{Y}_{2008} = e^{-22,35}$.

Achevé d'imprimer
sur les presses
de l'imprimerie

taag

Grigny (91350)
01 69 25 40 40
Dépôt légal :
N° d'impression : 7501